Déontologie de la recherche et intégrité scientifique

Droit & déontologie

Collection dirigée par Joël Moret-Bailly

La collection « Droit & déontologie » expose de manière claire, problématisée, opérationnelle et pédagogique les questions déontologiques dans leur dimension juridique. Elle s'adresse à la fois aux étudiants et aux professionnels ainsi qu'à tous ceux qui souhaitent accéder au droit applicable ainsi qu'à la réflexion associée aux questions déontologiques, afin tant de nourrir leurs réflexions que d'asseoir leurs décisions pratiques.

Déontologie de la recherche et intégrité scientifique

Olivier Leclerc

Directeur de recherche au CNRS
Centre de théorie et analyse du droit (CTAD UMR 7074)
CNRS, université Paris-Nanterre, École normale supérieure

Droit & Déontologie

puf

ISBN 978-2-13-083766-4

Dépôt légal — 1re édition : 2024, juin

170 *bis*, boulevard du Montparnasse, 75014 Paris

SOMMAIRE

PREMIÈRE PARTIE
SOURCES

DEUXIÈME PARTIE
RÈGLES

TROISIÈME PARTIE

TRAITEMENT DES MANQUEMENTS

LISTE DES PRINCIPALES ABRÉVIATIONS

Les sigles en italique (colonne de gauche) indiquent les noms de revues.

Account Res	*Accountability in Research*
AJDA	*Actualité juridique. Droit administratif*
ALLEA	*All European Academies* (Fédération européenne des Académies des sciences et des sciences humaines)
ANR	Agence nationale de la recherche
ANSES	Agence nationale de sécurité sanitaire de l'alimentation, de l'environnement et du travail
APC	*Article processing charges* (frais de traitement des articles, ou frais de publication)
BMJ	*British Medical Journal*
Cah. DST	*Cahiers Droit, Sciences & Technologies*
Cass. civ. / com. / soc.	Cour de cassation, chambre civile / chambre commerciale / chambre sociale
CCNE	Comité consultatif national d'éthique pour les sciences de la vie et de la santé
CE	Conseil d'État
C. éduc.	Code de l'éducation
CEDH	Cour européenne des droits de l'homme
CEEA	Comité d'éthique en expérimentation animale
CGFP	Code général de la fonction publique
Cirad	Centre de coopération internationale en recherche agronomique pour le développement
CNESER	Conseil national de l'enseignement supérieur et de la recherche
CNPEN	Comité national pilote d'éthique du numérique

CNREEA	Comité national de réflexion éthique sur l'expérimentation animale
CNRS	Centre national de la recherche scientifique
CoFIS	Conseil français de l'intégrité scientifique (Conseil d'orientation de l'OFIS)
COMETS	Comité d'éthique du CNRS
Cons. const.	Conseil constitutionnel
COPE	*Committee on publication ethics* (Comité d'éthique des publications)
C. rech.	Code de la recherche
C. santé publ.	Code de la santé publique
C. trav.	Code du travail
D.	*Recueil Dalloz*
DOI	*Digital object identifier* (mécanisme d'identification de ressources numériques)
DORA	*Declaration on research assessment* (Déclaration de San Francisco sur l'évaluation de la recherche)
ENRIO	*European Network of research integrity offices* (Réseau européen des bureaux de l'intégrité scientifique)
ESF	*European science foundation* (Fondation européenne pour la science)
Hcéres	Haut Conseil de l'évaluation de la recherche et de l'enseignement supérieur
High Educ	*Higher Education*
ICMJE	*International Committee of medical journal editors* (Comité international des éditeurs de revues médicales)
Ifremer	Institut français de recherche pour l'exploitation de la mer
INRA / INRAE	Institut national de la recherche agronomique (de 1946 à 2019) / Institut national de recherche pour l'agriculture, l'alimentation et l'environnement (depuis 2019)
INSERM	Institut national de la santé et de la recherche médicale
Intensive Care Med	*Intensive Care Medicine*
IRD	Institut de recherche pour le développement
IRSN	Institut de radioprotection et de sûreté nucléaire
J Empir Res Hum	*Journal of Empirical Research on Human*
J High Educ	*Journal of Higher Education*

MESR	Ministère de l'Enseignement supérieur et de la Recherche
NASEM	*National Academy of science, National Academy of engineering, Institute of medicine* (Académie nationale des sciences, Académie nationale de l'ingénierie, Institut de médecine)
OCDE	Organisation de coopération et de développement économiques
OFIS	Office français de l'intégrité scientifique
OPECST	Office parlementaire d'évaluation des choix scientifiques et technologiques
ORI	*Office of research integrity* (Office de l'intégrité scientifique)
Philos Sci	*Philosophy of Science*
QRP	*Questionable research practices* (Pratiques discutables [ou critiquables] de recherche)
Rec. Lebon / Rec. Tables	*Recueil Lebon* (Recueil des décisions du Conseil d'État ; décisions publiées) / *Recueil Lebon, Tables* (décisions du Conseil d'État non publiées mais citées dans les Tables annuelles)
Res Ethics	*Research Ethics*
Res. Integr. Peer Rev.	*Research Integrity and Peer Review*
RESINT	
RFDA	*Revue française de droit administratif*
RIS	Référent à l'intégrité scientifique
RTD civ.	*Revue trimestrielle de droit civil*
Sci Eng Ethics	*Science and Engineering Ethics*
Soc Stud Sci	*Social Studies of Science*
TA	Tribunal administratif
TENK	*Finnish National Board on research integrity* (Conseil national finlandais pour l'intégrité de la recherche)
Unesco	*United Nations educational, scientific and cultural organization* (Organisation des Nations unies pour l'éducation, la science et la culture)
WCRI	*World Conferences on research integrity* (Conférences mondiales sur l'intégrité de la recherche)

AVANT-PROPOS

Un livre publié échappe toujours à son auteur pour être investi des attentes particulières de chaque lecteur et lectrice. Tout au plus est-il possible d'indiquer les choix qui ont présidé à sa rédaction. En tant que chercheur par profession, je suis immergé dans l'objet dont je parle. Cette situation fait naître une fausse impression de familiarité et expose au risque de réduire la diversité des pratiques de science à sa propre discipline. Cet écueil se présente également aux chercheurs et chercheuses qui liront ce livre, chacun et chacune pensant connaître le sujet à partir de son expérience. Afin de pallier autant que possible cette difficulté, cet ouvrage s'ancre dans la vaste littérature scientifique consacrée à l'intégrité scientifique. C'est que cette dernière est, en tant que « problème », un objet de recherche dynamique, en France, et bien plus encore à l'étranger. Sans négliger les questionnements propres aux différentes disciplines, ce livre envisage l'intégrité scientifique de manière transversale. Cela étant, le texte est rédigé par un chercheur en droit, pour une collection d'ouvrages portant sur le droit. On n'éludera donc pas le fait que l'entrée dans la matière qui est proposée ici se fait à partir du discours législatif et des concepts issus de la recherche sur le droit. Ainsi, l'ouvrage pourra sembler à certains pencher trop vers le droit, quand d'autres poseront la question de savoir si le matériau qui y est évoqué est bien « du droit ». Quoi qu'il en soit, je crois que l'analyse juridique des règles déontologiques et d'intégrité de la recherche offre une porte d'entrée féconde pour comprendre l'émergence récente d'un champ nouveau propre aux activités scientifiques.

Je remercie Rafael Encinas de Muñagorri, Stéphanie Hennette Vauchez et Nicolas Klausser pour leurs lectures attentives des premières versions de ce texte.

Ce livre est dédié à la mémoire de Florence Piron.

Olivier Leclerc
Février 2024

Déclaration d'intérêts

L'auteur est employé comme chercheur titulaire par le Centre national de la recherche scientifique (CNRS). Il est membre du Comité d'éthique du CNRS (COMETS, mandat 2021-2025). À ce titre, il a été rapporteur de l'avis du COMETS 2022-43 relatif à l'impact de la recherche sur l'environnement et est coauteur de l'avis 2023-44 sur l'engagement public des chercheurs et chercheuses. L'auteur est membre de la Commission nationale de la Déontologie et des Alertes en santé publique et environnement (cnDAspe, mandat 2021-2024). La préparation de ce livre a été enrichie par les échanges au sein du projet de recherche « Les enjeux d'intégrité scientifique dans les pratiques de recherche » (CRISP), financé par l'Agence nationale de la recherche (ANR-20-CE27-0016), période 2021-2024.

INTRODUCTION

> *« La liberté du chercheur se réduit de plus en plus au droit de ne pas porter de cravate – mais cela se perd – et à celui d'organiser ses horaires, ce dont il profite en les dépassant. »*
>
> *(Jacques Testart, Rêveries d'un chercheur solidaire, éd. La Ville brûle, 2016, p. 109)*

1 / Objet de l'ouvrage

Ce livre porte sur les règles d'exercice des professions scientifiques. Formulé ainsi, de la façon la plus générale qui soit, l'objet de ce livre doit être précisé.

1. Distinctions

A / Déontologie

On s'intéressera ici aux règles des professions scientifiques, autrement dit aux normes qui encadrent l'exercice de ces professions. L'angle retenu est donc celui des règles professionnelles – c'est ce qui justifie son insertion dans la collection « Droit & Déontologie ». Rappelons en effet que, selon la définition proposée par des auteurs, les déontologies désignent, dans un sens large, « l'ensemble des règles relatives à l'exercice de certaines professions, fonctions, activités et responsabilités, essentiellement en ce qui concerne les relations entre leurs destinataires et l'ensemble de leurs interlocuteurs [1] ». S'agissant des professions scientifiques, ce livre ne s'intéresse donc pas à toutes les règles applicables à la recherche mais seulement aux règles que l'on peut qualifier de « déontologiques » au sens indiqué plus haut, même si – on le verra – le terme « déontologie » pose, s'agissant des scientifiques, des difficultés particulières. Sont exclues du champ de l'analyse les règles relatives aux établissements et organismes de recherche, aux statuts des personnels de la recherche, ou encore à des recherches donnant lieu à un encadrement spécifique (impliquant des personnes humaines ou faisant naître des risques biologiques ou radiologiques, par exemple). Il ne s'agit pas d'un livre sur les règles de droit applicables à la recherche (le « droit de la recherche »). Cependant, des incursions dans ces domaines pourront être ponctuellement nécessaires pour éclairer telle ou telle question liée aux pratiques professionnelles des scientifiques.

L'étude des règles d'exercice de l'activité de recherche se heurte à une difficulté : elle est bien plus diversifiée qu'il n'y paraît au premier abord. En France, le Code de la recherche assigne aux personnels de la recherche plusieurs missions : « a) Le développement des connaissances ; b) Leur transfert et leur application dans les entreprises, et dans tous les domaines contribuant au progrès de la société ; c) L'information des citoyens dans le cadre de la politique nationale de science ouverte et la diffusion de la culture scientifique et technique dans toute la population, notamment parmi les jeunes ; d) La participation à la formation initiale et à la formation continue ; d *bis*) La construction de l'espace européen de la recherche et la participation aux coopérations européennes et internationales en matière de recherche et d'innovation ; e) L'administration de la recherche ; f) L'expertise scientifique » (art. L. 411-1). Concernant les enseignants-chercheurs, l'article L. 952-3 du Code de l'éducation donne

1. J. Moret-Bailly, D. Truchet, *Introduction à la déontologie*, Puf, 2022, p. 20.

une liste analogue, en mentionnant l'administration et la gestion « du service public de l'enseignement supérieur et du service public de la recherche ». Le Conseil national de l'enseignement supérieur et de la recherche (CNESER) précise que ces missions des enseignants-chercheurs « ne sont pas hiérarchisées » et qu'aucune ne prime sur les autres [1]. Les personnels enseignants et hospitaliers et les personnels enseignants de médecine générale exercent, au surplus, une activité de soins.

Au regard de la vaste palette d'activités ainsi couverte, on ne s'étonnera pas que les règles déontologiques applicables aux personnels de la recherche soient diversifiées. Par exemple, certaines chartes de déontologie visent le travail des chercheurs lorsqu'ils participent à une expertise ou lorsqu'ils interagissent avec le public. Mais, pour l'essentiel, les règles déontologiques qui concernent l'activité scientifique visent le développement des connaissances.

B / Intégrité scientifique

Dans le domaine des sciences, les règles déontologiques (entendre : les règles d'exercice des professions) relatives à l'activité de développement des connaissances scientifiques sont appelées « les règles de l'intégrité scientifique ».

Depuis peu, l'intégrité scientifique a été mentionnée par la loi comme une obligation s'imposant aux travaux de recherche. Ceux-ci doivent en effet respecter « les exigences de l'intégrité scientifique visant à garantir leur caractère honnête et scientifiquement rigoureux et à consolider le lien de confiance avec la société » (C. rech., art. L. 211-2). Un éphémère décret n° 2021-1572 du 3 décembre 2021 a précisé que « l'intégrité scientifique mentionnée à l'article L. 211-2 du Code de la recherche se définit comme l'ensemble des règles et valeurs qui doivent régir les activités de recherche pour en garantir le caractère honnête et scientifiquement rigoureux ».

1. CNESER, aff. 550, 23 oct. 2006.

À l'occasion de la récente publication de la partie réglementaire du Code de la recherche [1], ce décret a été abrogé sans que la définition de l'intégrité scientifique soit reprise dans le Code. Si cette disposition ne fait plus partie du droit positif, elle donne cependant une bonne indication du sens donné à ces termes par le droit français de l'intégrité scientifique.

L'intégrité scientifique constitue donc l'une des dimensions de la déontologie de l'activité scientifique [2] : celle qui se rapporte au développement des connaissances scientifiques. Elle est constituée de règles qui précisent la façon dont l'activité scientifique, dans son versant de développement des connaissances, doit être menée par un bon professionnel [3]. C'est en ce sens que le CNESER a pu affirmer que le fait pour un enseignant-chercheur de faire apparaître dans son *curriculum vitae* des publications plagiées afin d'obtenir un poste de professeur des universités « est constitutif d'une grave violation des obligations déontologiques s'imposant à tout universitaire [4] ».

Au vu de la diversité des missions confiées par la loi aux personnels de recherche, on peut dire que les règles relatives à leur activité professionnelle recouvrent, d'une part, celles portant sur le développement des connaissances scientifiques (appelées « les règles de l'intégrité scientifique ») et, d'autre part, celles concernant leurs autres missions (par exemple, les règles déontologiques applicables à l'activité d'expertise, aux rapports avec le public...). Cet ouvrage considère l'ensemble de ces règles professionnelles. Cependant, eu égard à la centralité du développement des connaissances scientifiques dans la recherche, ce sont les règles de l'intégrité scientifique qui nous occuperont principalement.

---

1. Décret n° 2023-1321 du 27 déc. 2023.
2. D. Truchet, « Intégrité scientifique et déontologie : une étude comparée », *in* O. Descamps, K. Lairedj, *L'Intégrité scientifique à l'aune du droit*, éd. Panthéon-Assas, 2021, p. 67.
3. Ces règles précisent « l'exercice adéquat de l'activité concernée » : J. Moret-Bailly, « Que signifie la déontologie aujourd'hui ? », *Revue de droit sanitaire et social*, 2018, p. 7.
4. CNESER, aff. 891, 27 janvier 2015, *BO ESR* 15/2015. Précisons que le plagiat lui-même constitue un manquement à l'intégrité scientifique (voir *infra*, p. 43 et s.).

2. Jeux de frontières

En France, il est devenu courant de promouvoir des distinctions fermes entre la déontologie de la recherche, l'intégrité scientifique et l'éthique de la recherche [1]. Ces distinctions sont souvent enseignées dans les formations à l'intégrité scientifique et à l'éthique de la recherche. Elles ont le mérite de permettre de délimiter les périmètres d'intervention de différents acteurs, plus ou moins récemment apparus dans le paysage de la recherche : les manquements à l'intégrité scientifique doivent être signalés au référent à l'intégrité scientifique (RIS), les questions de déontologie sont de la compétence du référent déontologue, les interrogations liées à l'éthique sont discutées par divers comités d'éthique. Elles participent aussi d'un effort de clarification conceptuelle perçu comme un préalable nécessaire à la mise en œuvre d'un régime juridique de l'intégrité scientifique en construction [2]. Mais, si ces objectifs opérationnels sont tout à fait compréhensibles, ils n'impliquent pas qu'il y ait des différences conceptuelles très claires entre déontologie, intégrité et éthique, ni plus encore que ces distinctions valent à l'identique dans d'autres contextes que celui de la France.

---

1. Voir en ce sens, récemment, l'« espace thématique » de l'OFIS « Intégrité scientifique / Éthique de la recherche / Déontologie », 2023 [en ligne] ; CoFIS, *L'Intégrité scientifique en France : situation fin 2018 et feuille de route 2020*, 2018, p. 4 ; O. Le Gall, « L'intégrité scientifique au service d'une connaissance fiable », *in* L. Coutellec, F. Coulée, E. Hirsch (dir.), *De Nouveaux Territoires pour l'éthique de la recherche. Repères, responsabilités et enjeux*, Erès, 2021, p. 69.
2. L. Tauginiené *et al.*, « Enhancing the taxonomies relating to academic integrity and misconduct », *Journal of Academic Ethics*, vol. 17, 2019, p. 345-361 ; L. Coutellec, « Penser l'indissociabilité de l'éthique de la recherche, de l'intégrité scientifique et de la responsabilité sociale des sciences. Clarification conceptuelle, propositions épistémologiques », *Revue d'anthropologie des connaissances*, vol. 13, n° 2, 2019, p. 381.

A / Déontologie de la recherche et intégrité scientifique

Pour bien comprendre les rapports entre déontologie de la recherche et intégrité scientifique, il est utile de distinguer le concept de déontologie – qui désigne les règles relatives à l'exercice d'une profession (sens 1) – et les règles du droit positif qui fixent le contenu de cette déontologie pour telle ou telle profession (sens 2) en recourant à différentes dénominations, qui peuvent du reste se recouper : « déontologie » (des fonctionnaires), « éthique » (des affaires, des sciences), « intégrité » (scientifique).

Sur le premier versant (sens 1), conceptuel, on doit considérer que les règles de l'intégrité scientifique s'analysent comme des règles déontologiques puisqu'il s'agit de règles portant sur l'exercice des professions scientifiques (plus précisément sur le développement des connaissances).

Sur le second versant (sens 2), celui du droit positif français, la diversité des termes employés brouille quelque peu la compréhension. En effet, l'article L. 121-1 du Code général de la fonction publique, issu de la loi n° 2016-483 du 20 avril 2016 relative à la déontologie et aux droits et obligations des fonctionnaires, mentionne l'intégrité parmi les obligations déontologiques des fonctionnaires. Le texte dispose que « l'agent public exerce ses fonctions avec dignité, impartialité, intégrité et probité ». On peut donc dire que, en droit positif, l'intégrité fait partie des obligations déontologiques qui s'imposent aux scientifiques employés en tant que fonctionnaires. De même, la charte déontologique du CNRS (2018) est entièrement tournée vers les agents publics et se veut un simple rappel « des grands principes déontologiques que chaque agent public doit veiller à respecter » : dignité, probité, intégrité, impartialité, neutralité, laïcité, non-discrimination, secret et discrétion professionnels, obligation d'exécution des fonctions et obéissance hiérarchique. Il faut cependant noter que « l'intégrité » dont il est ici question ne se réfère pas particulièrement à l'activité de production des connaissances scientifiques. Le mot a un sens plus large renvoyant à l'honnêteté, ce qui inclut l'absence d'enrichissement indu, la gestion appropriée des fonds publics [1].

Ainsi, les règles professionnelles applicables aux scientifiques forment leur déontologie. Une partie de ces règles sont qualifiées dans le droit positif de « déontologiques », comme par exemple les règles de cumul d'emploi chez les chercheurs fonctionnaires ou les conflits d'intérêts. Lorsque ces règles professionnelles concernent plus particulièrement le développement des connaissances scientifiques, le terme employé est celui d'« intégrité scientifique ». L'intégrité scientifique est ainsi une obligation déontologique (au sens 1) pour tous les scientifiques ; elle est aussi, dans les termes du droit positif, une obligation déontologique (au sens 2) pour les scientifiques qui relèvent de la fonction publique.

Ces distinctions doivent beaucoup à la situation singulière de la France. Dans d'autres pays, en effet, la part des chercheurs fonctionnaires est sensiblement moindre. Dès lors, les discussions sur la déontologie de la fonction publique et ses incidences sur les chercheurs n'y ont pas lieu d'être. Par suite, dans le contexte international, le mot « déontologie » est quasiment absent des débats sur les pratiques de science et des normes juridiques ou chartes qui y sont consacrées. Seuls sont employés les termes d'« intégrité scientifique » et d'« éthique des sciences » (ou de la recherche).

B / Éthique de la recherche et intégrité scientifique

Le rapport rendu en 2016 par le médecin et chercheur en biologie français Pierre Corvol invite à « bien distinguer l'intégrité scientifique, c'est-à-dire les règles qui gouvernent la pratique de la recherche, de l'éthique de la recherche qui aborde de façon plus large les grandes questions que posent les progrès de la science et leurs répercussions sociétales ». Le rapport ajoute : « Autant les questions d'éthique font débat,

1. Sur ce point, voir *infra*, p. 109.

autant l'intégrité scientifique ne se discute pas. Elle se respecte, c'est un code de conduite professionnelle qui ne doit pas être enfreint.[1] »

En suivant la distinction proposée, on précisera que ce livre n'entend pas traiter de l'éthique de la recherche. Sont exclues, par exemple, les questions éthiques que soulèvent l'expérimentation impliquant des personnes humaines ou encore tel ou tel développement technologique particulier (nanotechnologies, robots, intelligence artificielle, véhicules autonomes). Dans ces situations, des valeurs également désirables entrent en tension (la protection de la personne *versus* le développement de thérapeutiques nouvelles ; l'utilité sociale de la science *versus* la liberté de la recherche, etc.) et ces discussions, le plus souvent menées au sein de comités d'éthique[2], ne relèvent ni de la déontologie, ni de l'intégrité scientifique tels que définis plus haut.

En pratique, cependant, le partage opéré par le rapport Corvol entre l'éthique de la recherche (« les grandes question » ouvertes à discussion) et l'intégrité scientifique (les « pratiques de la recherche », qui ne « se discutent pas ») n'est pas facile à réaliser[3].

Une même question (par exemple le respect envers les écosystèmes et l'environnement) est parfois rangée parmi les principes fondamentaux de l'intégrité scientifique[4], parfois

1. P. Corvol, *Bilan et propositions de mise en œuvre de la Charte nationale d'intégrité scientifique*, rapport, 2016. Sur la distinction entre éthique et déontologie, voir aussi C. Huriet, « Du questionnement éthique à la déontologie de la recherche », *Droit, santé et société*, n° 2, 2019, p. 70 ; sur la distinction entre intégrité et éthique : S.E. Kolstoe, J. Pugh, « The trinity of good research : distinguishing between research integrity, ethics, and governance », *Account Res*, 2023 (DOI : 10.1080/08989621.2023.2239712).

2. Comité consultatif national d'éthique pour les sciences de la vie et de la santé (CCNE), Comité national pilote d'éthique du numérique (CNPEN), Comité d'éthique de l'INSERM (CEI), Éthique en commun (INRAE, Cirad, Ifremer, IRD), Comité d'éthique du CNRS (COMETS)...

3. S. Carvallo, « L'éthique de la recherche entre réglementation et réflexivité », *Revue d'anthropologie des connaissances*, vol. 13, n° 2, 2019, p. 299.

4. ALLEA, *The European Code of conduct for research integrity*, 2023 (ALLEA, 2023).

envisagée comme une question éthique [1]. La réglementation de l'Union européenne envisage dans certains textes l'intégrité scientifique comme une composante de l'éthique [2]. De même, la charte élaborée par l'Agence nationale de la recherche (ANR) en 2019 couvre aussi bien la déontologie que l'intégrité scientifique et place la promotion de la culture d'une recherche intègre parmi les devoirs et principes déontologiques [3]. De son côté, l'Institut national de recherche pour l'agriculture, l'alimentation et l'environnement (INRAE) propose une charte unique englobant la déontologie, l'intégrité et l'éthique [4]. De la même manière, des comités chargés de l'éthique de la recherche n'hésitent pas à se prononcer sur des questions d'intégrité scientifique [5] ou de déontologie [6].

Le fait qu'il existe, comme on le verra, une vaste « zone grise » de l'intégrité scientifique montre assez que, si la nécessité de respecter les exigences de l'intégrité scientifique n'est guère discutée, sa mise en œuvre n'exclut pas les « grandes questions » qui « se discutent » (qu'est-ce qu'un auteur ? l'autocitation est-elle problématique ? qu'est-ce qu'une erreur honnête ? peut-on mentir sciemment aux sujets qui se prêtent à une recherche ?).

Enfin, il faut signaler que la distinction entre l'éthique, la déontologie et l'intégrité scientifique est encore perturbée par

1. COMETS, avis 2022-43.
2. Règlement 2021/695 du 28 avril 2021 (« Horizon Europe ») : les actions relevant du champ d'application du programme devraient être conformes « aux principes éthiques, lesquels comprennent le principe selon lequel toute atteinte à l'intégrité de la recherche doit être évitée » (consid. 71).
3. ANR, *Charte de déontologie et d'intégrité scientifique*, 2019.
4. INRAE, *Charte de déontologie, d'intégrité scientifique et d'éthique*, 2021.
5. COMETS, avis 2017-34 : « Réflexion éthique sur le plagiat dans la recherche scientifique » ; avis 2016-33 : « Le CNRS face aux écarts à l'intégrité scientifique » ; avis 2012-26 : « Nécessité d'une mise en place au CNRS de procédures en vue de promouvoir l'intégrité en recherche » ; avis 2006-14 : « La fraude scientifique au CNRS ». Le COMETS, rejoint par la Conférence des présidents d'université (CPU, devenue France Universités), a de plus rédigé un guide pratique : *Promouvoir une recherche intègre et responsable* (dernière version 2017).
6. COMETS, avis 2012-11 : « Charte déontologique de l'évaluateur » ; avis 2019-39 : « Des liens d'intérêts aux conflits d'intérêts dans la recherche publique ».

l'émergence de concepts alternatifs, qui les recoupent en partie, comme celui de « recherche et innovation responsables » (en anglais « *responsible research and innovation* » : RRI). Promu notamment par l'Union européenne [1], ce concept tend à désigner des recherches qui tiennent compte des valeurs, des objectifs des sociétés dans lesquelles elles sont menées et des personnes concernées [2]. Guidées par une intention d'inclure les personnes concernées, une recherche et une innovation responsables doivent apporter leur contribution à la réalisation des projets sociaux collectivement délibérés. Tournée vers l'innovation plus que vers la recherche, la RRI vise « l'acceptabilité (éthique), le caractère soutenable et désirable socialement [3] » de l'innovation et du développement de nouveaux produits sur le marché.

2 / Champ d'application matériel

Caractériser, comme nous le faisons dans ce livre, l'intégrité scientifique comme des règles professionnelles qui s'imposent aux scientifiques dans l'activité de développement des connaissances conduit à apporter plusieurs précisions.

1. Intégrité scientifique et conditions du travail scientifique

En premier lieu, les règles de l'intégrité scientifique incluent-elles des règles relatives aux *conditions de réalisation*

1. R. von Schomberg (eds), *Towards responsible research and innovation in the information and communication technologies and security technologies fields*, Commission européenne, 2011 ; S. Randles, E. Tancoigne, P.-B. Joly, « Two tribes or more ? The historical emergence of discourse coalitions of responsible research and innovation (rri) and Responsible Research and Innovation (RRI) », *Journal of Responsible Innovation*, vol. 9, 2022, p. 248 ; R. Owen, M. Pansera, « Responsible innovation and Responsible research and innovation », *in* D. Simon *et al.* (eds), *Handbook on science and public policy*, Edward Elgar, 2019, p. 584.
2. B.-J. Koops *et al.* (eds), *Responsible Innovation. 2 : Concepts, approaches, and applications*, Springer, 2015 ; A. Marušić (eds), *A guide to responsible research*, Springer, 2023.
3. R. von Schomberg (eds), *Towards responsible research..., op. cit.*, p. 9.

du travail scientifique ? Faut-il par exemple considérer comme relevant de l'intégrité scientifique la prohibition du harcèlement moral ou sexuel par des scientifiques dans le cadre de leur laboratoire, ou encore le vol ou la dégradation de matériel scientifique commis par des chercheurs ?

Certaines chartes d'intégrité scientifique incluent dans le périmètre de l'intégrité scientifique les fautes civiles et pénales susceptibles d'être commises. Mais c'est l'orientation inverse qui prédomine : ces comportements sont généralement considérés comme ne relevant pas de l'intégrité scientifique [1] – ce qui n'empêche pas de rappeler qu'ils sont bel et bien prohibés et qu'ils exposent à des sanctions. Dans sa version adoptée en 2011, le Code de conduite européen sur l'intégrité scientifique énonçait que des « comportements inappropriés tels que les comportements agressifs à l'égard des étudiants, les détournements de fonds et autres comportements qui sont d'ores et déjà partout soumis à des sanctions juridiques et sociales sont inacceptables, mais ne constituent pas des manquements à "l'intégrité scientifique" dans la mesure où ils n'affectent pas l'intégrité des résultats de recherche eux-mêmes [2] ».

Cela explique que puissent coexister des canaux de signalement pour les manquements à l'intégrité scientifique et d'autres destinés aux infractions pénales ou à d'autres violations de la loi ou du règlement [3]. Cela explique aussi que la répression des infractions pénales et des fautes civiles constatées dans l'exercice de l'activité de recherche puisse différer d'un pays à l'autre, alors que les règles de l'intégrité scientifique concernent les scientifiques de tous les pays.

Ainsi, le suivi attentif des doctorants, la confraternité dans les relations avec les collègues, l'absence de harcèlement

1. C'est ce qui ressort de l'un des premiers congrès organisés sur cette question par les académies étasuniennes des sciences, des technologies et de médecine : NASEM, *Responsible science. Ensuring the integrity of the research process*, vol. 1, National Academy Press, 1992, p. 15.
2. European Science Foundation / All European Academies, *The European Code of conduct for research integrity*, 2011 (ce code a été révisé en 2017 et en 2023).
3. Voir *infra*, p. 192 et s.

moral ou sexuel constituent bien des obligations déontologiques (et pénalement sanctionnées s'agissant du harcèlement). Les instances disciplinaires compétentes à l'égard des scientifiques sanctionnent régulièrement les attitudes agressives et les comportements inappropriés vis-à-vis des collègues et des doctorants comme constituant des manquements à la déontologie professionnelle. Mais, ces comportements ne relèvent pas, à proprement parler, de l'intégrité scientifique. De la même façon, si la promotion de l'égalité entre les femmes et les hommes dans les activités scientifiques constitue bien une obligation déontologique des scientifiques [1], elle ne relève pas de l'intégrité scientifique car elle ne concerne pas la teneur des connaissances scientifiques. En revanche, l'absence de biais racistes ou sexistes dans la réalisation de la recherche [2] est bien une exigence d'intégrité scientifique. Car si l'intégrité scientifique ne concerne pas les conditions du travail scientifique, elle est au cœur de la qualité du travail scientifique.

2. Intégrité scientifique et qualité du travail scientifique

Les règles de l'intégrité scientifique visent à garantir, selon les termes du décret du 3 décembre 2021, aujourd'hui abrogé, « le caractère honnête et scientifiquement rigoureux » des connaissances scientifiques. L'intégrité scientifique a ainsi à voir avec les savoirs scientifiques produits, et concerne leur qualité. Plusieurs conséquences en découlent.

Une première conséquence est que les règles de l'intégrité scientifique s'adressent à tous les scientifiques, indépendamment de leur nationalité ou du pays dans lequel ils travaillent. La rigueur nécessaire à la production des connaissances scientifiques est (ou devrait être) la même partout. De plus, l'activité scientifique est très largement internationalisée : les scientifiques publient dans des revues internationales (le plus

1. ANR, *Charte de déontologie et d'intégrité scientifique*, 2019.
2. K. Shrader-Frechette, *Ethics of scientific research*, Rowman & Littlefield Publ., 1994, p. 18.

souvent en langue anglaise) et circulent d'un pays à l'autre. Ainsi, on ne s'étonnera pas qu'une bonne partie des règles relatives à l'intégrité scientifique soit élaborée au niveau international. De plus, de nombreux scientifiques participent à des collaborations internationales, qui sont elles aussi soumises aux exigences de l'intégrité scientifique. La Charte française de déontologie des métiers de la recherche affirme ainsi que les travaux collaboratifs « mobilisent les mêmes règles déontologiques, impliquant une responsabilité d'intégrité, de transparence et d'honnêteté [1] ». Cependant, cette transversalité des *règles* de l'intégrité scientifique n'exclut pas des différences nationales, parfois marquées, en ce qui concerne les procédures à suivre pour *signaler* les éventuels manquements à l'intégrité scientifique, assurer leur traitement et les *sanctionner* [2]. De plus, le caractère international des règles d'intégrité scientifique ne doit pas faire oublier que les scientifiques travaillent dans des conditions matérielles très différentes d'un pays à l'autre et que les discussions sur les standards de l'intégrité scientifique sont surtout menées par des scientifiques exerçant leur activité dans des pays riches [3]. Ce n'est que récemment que l'intégrité scientifique a pu être envisagée dans une perspective plus inclusive et attentive à la justice

1. *Charte française de déontologie des métiers de la recherche*, 2015, § 6.
2. S. V. Zimmerman, K. Wallace, « Promoting responsible conduct of research : a canadian perspective », *Account Res*, vol. 20, n° 5-6, 2013, p. 395 ; D. B. Resnik, L. M. Rasmussen, G. E. Kissling, « An international study of research misconduct policies », *Account Res*, vol. 22, n° 5, 2015, p. 249 ; M. Shahare, L. L. Roberts, « Historicizing crisis of scientific misconduct in indian science », *History of Science*, vol. 58, n° 4, 2020, p. 485 ; A. Perković Paloš *et al.*, « Creating research ethics and integrity country report cards : case study from Europe », *Account Res*, 2023 (DOI : 10.1080/08989621.2022.2163632) ; E. Breet *et al.*, « Academic and scientific authorship practices : a survey among south african researchers », *J Empir Res Hum Res Ethics*, vol. 13, n° 4, 2018, p. 412.
3. F. Kombe *et al.*, « Promoting research integrity in Africa : an african voice of concern on research misconduct and the way forward », *Developing World Bioethics*, vol. 14, n° 3, 2014, p. 158 ; S. Carvallo, « Pour une diplomatie de l'intégrité scientifique en situation d'interculturalité », *in* M. Bergadaà, P. Peixoto, *L'Urgence de l'intégrité scientifique* ? EMS éd., 2021, p. 69.

épistémique, matérialisée dans la Déclaration du Cap sur la justice, l'équité et la diversité en recherche [1].

Une deuxième conséquence est que la vérification du respect des exigences de l'intégrité scientifique suppose d'avoir une bonne compréhension des connaissances scientifiques, des méthodes de recherche, des procédés expérimentaux, des techniques statistiques, des instruments d'imagerie, des méthodes d'enquête, etc. Pour cette raison, l'appréciation du respect de l'intégrité scientifique est d'abord confiée à d'autres scientifiques (des pairs) spécialistes du domaine, seuls à même d'entrer dans la machinerie de la science « en train de se faire » et d'apprécier la qualité du travail réalisé.

Une troisième conséquence est que l'intégrité scientifique est indissociable de l'avancement de ce que l'on appelle parfois « le front des connaissances », pour désigner les derniers développements scientifiques, que ce soit au plan théorique ou concernant les instruments et méthodes utilisés par la recherche [2]. L'intégrité scientifique peut ainsi sembler un horizon qui sans cesse se dérobe : les questions d'intégrité que soulèvent les pratiques scientifiques trouvent progressivement des réponses, mais elles sont aussi renouvelées à mesure qu'émergent de nouvelles méthodes de recherche, des instruments, des formats de publication, des modalités de financement, etc.

Une quatrième conséquence est que si le respect des exigences de l'intégrité scientifique est attendu dans tous les domaines scientifiques, leur appréciation ne peut ignorer les particularités des objets et méthodes propres à chaque discipline, selon qu'elles présentent ou non un caractère expérimental, qu'elles supposent d'intervenir sur des personnes

1. WCRI, *Cape Town Statement on fairness, equity and diversity in research*, 2022 ; L. Horn *et al.*, « Cape Town Statement on fairness, equity and diversity in research », *Nature*, vol. 615, 2023, p. 790.

2. Ex. : G. van Schie, I. Westra, M. T. Schäfer, « Get your hands dirty. Emerging data practices as challenge for research integrity », *in* M.T. Schäfer, K. van Es (eds), *The Datafied Society. Studying culture through data*, Amsterdam University Press, 2017, p. 183.

humaines ou des animaux, qu'elles donnent lieu à des enquêtes ethnographiques, à un travail sur archives, etc. Ainsi, l'exigence de reproductibilité, qui est devenue centrale dans les sciences expérimentales, est plus difficile à mettre en œuvre dans d'autres disciplines [1]. De même, l'utilisation des images de manière conforme à l'intégrité scientifique pose question dans les sciences biologiques [2] et est inexistante ailleurs. Par ailleurs, ce qui constitue une pratique de recherche discutable varie significativement d'une discipline à une autre [3]. Le fait que les questions d'intégrité scientifique puissent prendre une coloration particulière selon les domaines de recherche ne doit cependant pas faire perdre de vue que certaines pratiques sont bien considérées comme problématiques dans toutes les disciplines (par exemple le fait d'inventer des résultats de recherche ou de plagier).

3. Intégrité scientifique et validité des résultats scientifiques

Apprécier la rigueur de la démarche scientifique n'est pas la même chose que d'apprécier la validité des résultats scientifiques. Si l'intégrité scientifique recouvre les bonnes façons de faire de la science, le contenu des résultats scientifiques (leur « scientificité ») n'en relève pas. Il est parfaitement normal que des résultats scientifiques soient débattus, critiqués, suscitent des divergences de vue entre pairs, recueillent un temps l'adhésion avant d'être abandonnés. Le sociologue des

1. Voir *infra*, p. 133.
2. D. Parrish, B. Noonan, « Image manipulation as research misconduct », *Sci Eng Ethics*, vol. 15, 2009, p. 161 ; E.K. Frow, « Drawing a line : setting guidelines for digital image processing in scientific journal articles », *Soc Stud Sci*, vol. 42, n° 3, p. 369 ; S. R. Jordan, « Research integrity, image manipulation, and anonymizing photographs in visual social science research », *International Journal of Social Research Methodology*, vol. 17, n° 4, 2014, p. 441 ; D. M. Leaphart, A. C. Cronley, T. E. Brothers, « Misrepresentation of scientific figures », *in* J. Faintuch, S. Faintuch (eds), *Integrity of scientific research. Fraud, misconduct and fake news in the academic, medical and social environment*, Springer, 2022, p. 139.
3. Voir *infra*, p. 47.

sciences Robert K. Merton employait la formule « scepticisme organisé » pour désigner cette pratique professionnelle de mise à l'épreuve des résultats. Il est en effet crucial de laisser s'épanouir une diversité d'hypothèses et de points de vue, dans le cadre de la discussion entre les scientifiques.

L'intégrité scientifique ne doit pas constituer une police des idées scientifiques. L'adhésion par un scientifique à un paradigme ou à des méthodes scientifiques que d'autres tiennent pour inadéquats, voire faux, ne constitue pas en principe un manquement à l'intégrité scientifique. Les divergences de vue, controverses, querelles d'école entre scientifiques devraient rester sur le terrain des débats entre pairs et non être placées sur celui de la faute professionnelle. De ce point de vue, il ne faut pas négliger que les accusations de manquement à l'intégrité scientifique s'inscrivent parfois sur fond de rivalités personnelles et viennent alimenter de possibles jeux d'autorité entre les disciplines ou les écoles de pensée [1].

De même, un scientifique qui se trompe ne manque pas à l'intégrité scientifique ; dit autrement, la publication d'un résultat de recherche faux n'est pas, en principe, un manquement à l'intégrité scientifique. Il n'en va autrement que s'il est démontré que le scientifique avait conscience de la fausseté des résultats qu'il publie ou n'a pas fait preuve d'une rigueur suffisante dans son travail. L' Organisation de coopération et de développement économiques (OCDE) relève ainsi que « les erreurs honnêtes et les différences sincères d'opinion ne constituent pas des manquements à l'intégrité scientifique [2] ». De même, aux États-Unis, les

1. Julien Larrègue montre comment l'investigation des fraudes scientifiques commises par Stapel a renforcé la place des analyses statistiques en psychologie sociale : J. Larrègue, « Sentencing social psychology : scientific deviance and the diffusion of statistical rules », *Current Sociology*, 2022 (DOI : 10.1177/00113921221117604). Voir aussi, sur la façon dont les affaires de fraude scientifique affectent l'autorité des disciplines : T. Gieryn, A.E. Figert, « Scientists protect their cognitive authority : the status degration ceremony of sir Cyril Burt », *in* G. Böhme, N. Stehr (eds), *The Knowledge Society. the growing impact of scientific knowledge on social relations*, D. Reidel Publ., 1986, p. 67.

2. OCDE, Global Science Forum, *Best Practices for ensuring scientific integrity and preventing misconduct*, 2007, p. 4.

règles d'intégrité scientifique établies pour les agences de financement dans le domaine de la santé prévoient que « les manquements à l'intégrité scientifique n'incluent pas les erreurs honnêtes et les divergences d'opinion [1] ». Dès lors, l'existence d'une erreur dans un article publié ne conduit pas nécessairement à sa rétractation [2], mais peut conduire à la publication d'une correction [3]. Claire dans son principe, la distinction entre « erreur sincère » et manquement à l'intégrité scientifique est cependant difficile à opérer en pratique [4]. Comment savoir si un scientifique avait conscience de s'écarter des standards scientifiques ? À partir de quand un article dont la puissance statistique est insuffisante devient-il une fraude ? À partir de quand un travail insuffisamment consciencieux devient-il fautif [5] ? À partir de quand des maladresses de citation deviennent-elles un plagiat ?

3 / Champ d'application personnel

L'un des intérêts à distinguer la déontologie de la recherche – les règles professionnelles qui s'appliquent aux scientifiques – et l'intégrité scientifique – les règles qui concernent

1. 42 CFR Part. 50 & 93, *Public Health service policies on research misconduct ; final rule*, § 93.103.
2. R. Steen, « Misinformation in the medical literature : what role do error and fraud play ? », *Journal of Medical Ethics*, vol. 37, 2011, p. 498 ; M. A. Jacob, « Under repair : a publication ethics and research record in the making », *Soc Stud Sci*, vol. 49, n° 1, 2019, p. 91.
3. M. Dubois, C. Guaspare, « "Is someone out to get me ?" : la biologie moléculaire à l'épreuve du post-publication peer review », *Zilzel*, n° 6, 2019, p. 180.
4. A. Kohn, *False Prophets. Fraud and error in science and medicine*, Basil Blackwell, 1986, p. 205 ; M. LaFollette, *Stealing into print. Fraud, plagiarism, and research misconduct in scientific publishing*, University of California Press, 1992, p. 40 ; D. B. Resnik, *The Ethics of science. An introduction*, Routledge, 1998, p. 81 ; L. Andersen, K. Wray, « Detecting errors that result in retractions », *Soc Stud Sci*, vol. 49, 2019, p. 942.
5. D. B. Resnik *et al.*, « What is recklessness in scientific research ? The Frank Sauer case », *Account Res*, vol. 24, n° 8, 2017, p. 497 ; M. M. Caron *et al.*, « Defining "recklessness" in research misconduct proceedings », *Account Res*, 2023 (DOI : 10.1080/08989621.2023.2256650).

plus particulièrement l'élaboration des connaissances scientifiques – est de montrer que si les règles déontologiques sont liées à l'exercice d'une *profession*, les règles de l'intégrité scientifique sont liées à l'exercice d'une *activité* (le développement de connaissances scientifiques). Par conséquent, si les règles de l'intégrité scientifique visent bien le comportement de personnes qui exercent une activité scientifique, cela vaut quelle que soit la forme juridique de l'emploi, y compris s'il est financé par l'industrie, voire en dehors de toute activité professionnelle.

1. Intégrité scientifique et formes de l'emploi scientifique

En France, l'emploi scientifique total (entreprises incluses) relève pour 39 % du secteur public [1]. Parmi cette population, les personnels permanents exercent leur activité en tant que fonctionnaires, et sont donc soumis au droit de la fonction publique. Tel est le cas des enseignants-chercheurs employés par les universités et des chercheurs employés par certains organismes de recherche publics (CNRS, INSERM, INRAE, etc.). Sont aussi concernés les personnels de recherche (ingénieurs, techniciens, illustrateurs, préparateurs) qui participent aux travaux de recherche sans toujours en concevoir les hypothèses ni le protocole. Si leur rôle dans la recherche est fréquemment passé sous silence [2], celui-ci est bien réel et se traduit parfois par la signature de publications scientifiques [3]. De même, la conduite des personnels chargés de l'administration de la recherche peut, elle aussi, avoir une incidence sur

1. En 2020, date à laquelle les chercheurs de l'ensemble du secteur public représentaient 188 980 ETP recherche, tous statuts confondus (MESRI, *L'État de l'emploi scientifique en France*, rapport 2023, p. 66).
2. Voir l'étude classique de S. Shapin, « The Invisible Technician », *American Scientist*, vol. 77, n° 6, 1989, p. 554 ; C. Donahue Wylie, *Preparing Dinosaurs. The work behind the scene*, MIT Press, 2021.
3. F. Waquet, *Dans les coulisses de la science. Techniciens, petites mains et autres travailleurs invisibles*, CNRS éd., 2022, p. 295 et s. ; I. Mauz, C. Granjou, « Rendre visibles les travailleurs invisibles ? », *Terrains & Travaux*, n° 1, 2011, p. 121.

l'intégrité de la science[1]. Du reste, la Charte française de déontologie des métiers de la recherche (2015) est adressée à « l'ensemble des femmes et des hommes (désignés dans le texte par le terme générique “chercheur”) d'un établissement ou d'un organisme, permanents ou non, qui contribuent à l'activité de recherche et s'engagent à respecter, dans le cadre des missions de recherche ou d'appui à la recherche qui leur incombent, les principes d'intégrité qui y sont formulés ».

Le reste des scientifiques, qui constituent la majorité, sont liés par un contrat de travail de droit privé. C'est le cas d'abord au sein d'organismes publics : chercheurs contractuels des établissements publics d'enseignement et de recherche, chercheurs employés par des organismes de recherche ou de gestion des risques spécialisés organisés sous forme d'établissement public à caractère industriel et commercial (Centre national d'études spatiales [CNES], Commissariat à l'énergie atomique et aux énergies alternatives [CEA], Agence nationale pour la gestion des déchets radioactifs [ANDRA], Agence de l'environnement pour la maîtrise de l'énergie [ADEME], Institut de radioprotection et de sûreté nucléaire [IRSN], Centre de coopération internationale en recherche agronomique pour le développement [Cirad]...), d'établissement public à caractère administratif (Agence nationale de sécurité sanitaire de l'alimentation, de l'environnement et du travail [ANSES]), d'autorité administrative indépendante (Autorité de sûreté nucléaire [ASN]). Cette situation concerne ensuite l'ensemble des scientifiques menant des activités de recherche au bénéfice d'entreprises privées, estimés en 2017 à 293 900 équivalents temps plein recherche, dont 203 600 chercheurs[2]. Ces scientifiques ne sont pas régis par le statut de la fonction publique mais par le droit du travail. Cependant, les tribunaux acceptent d'aménager les

1. J.S. Robert, « Misconduct in research administration : what is it? How widespread is it ? And what should we do about it ? », *Account Res*, vol. 30, n° 7, 2023, p. 439.
2. MESRI, *L'État de l'emploi scientifique en France*, rapport préc., p. 118.

conditions d'exécution du contrat de travail pour tenir compte de la qualité de scientifique [1].

Sans négliger l'incidence bien réelle des conditions juridiques de l'emploi, les exigences de l'intégrité scientifique s'imposent à toutes les personnes qui exercent une activité professionnelle scientifique. Le Code de la recherche souligne ainsi que « les travaux de recherche, *notamment* l'ensemble des activités de la recherche publique contribuant à ses objectifs mentionnés à l'article L. 112-1, respectent les exigences de l'intégrité scientifique » (C. rech. art. L. 211-2). Plus explicite, la Charte européenne du chercheur (2005) « s'adresse à tous les chercheurs dans l'Union européenne, à toutes les étapes de leur carrière, et couvre tous les domaines de recherche *dans le secteur public et dans le secteur privé*, indépendamment de la nature de l'engagement ou de l'emploi, du statut juridique de leur employeur ou du type d'organisation ou d'établissement dans lesquels les travaux sont effectués ».

Si les scientifiques dont l'activité s'exerce dans le cadre d'un contrat de travail ne sont pas soumis aux obligations déontologiques des fonctionnaires, ils restent bien tenus par les exigences de l'intégrité scientifique. Le lien de subordination du salarié à son employeur ne saurait justifier de tordre les résultats dans un sens favorable aux intérêts économiques de ce dernier. Du reste, le serment prêté par les docteurs à l'occasion de leur soutenance de thèse de « maintenir une conduite intègre » dans leur rapport au savoir et à l'activité de recherche vaut pour la suite de leur carrière professionnelle « quel qu'en soit le secteur ou le domaine d'activité [2] ». Dès lors, constituent des manquements à l'intégrité scientifique le fait d'orienter les résultats de recherche dans un sens systématiquement favorable à l'entreprise [3], de publier seulement les résultats qui

1. M. Bassotti, R. Encinas de Muñagorri, « L'exercice des libertés fondamentales par les travailleurs scientifiques. Observations à partir du droit du travail applicable en France et en Italie », *Revue de droit du travail*, 2018, p. 649.
2. Voir *infra*, p. 178.
3. S. Krimsky, *Science in the private interest. Has the lure of profits corrupted biomedical research ?*, Rowman & Littlefield, 2003 ; S. Sismondo, « How phar-

accompagnent le développement de son activité [1], de brader le crédit scientifique des chercheurs au service d'industries polluantes ou dangereuses en endossant des publications scientifiques, parfois contre rémunération, destinées à jeter le doute sur la nocivité de leurs produits [2]. Sur ce terrain, le traitement différencié de la recherche publique et de la recherche privée est d'autant moins justifié que les croisements sont sans cesse plus nombreux entre elles, à mesure que la place des financements privés dans la recherche publique s'accroît [3]. Les textes déontologiques élaborés par les organismes de financement de la recherche – qui accordent des financements à des chercheurs exerçant aussi bien sous statut public que sous statut privé – contribuent d'ailleurs à assurer une application large des règles déontologiques. Ainsi, la Charte de déontologie et de l'intégrité scientifique de l'Agence nationale de la recherche (2019) concerne toutes les personnes qui travaillent pour cette dernière ou qu'elle finance.

On peut également s'interroger sur la manière dont les « sciences réglementaires » se conforment aux exigences de l'intégrité scientifique. Ces dernières désignent des travaux de recherche, réalisés le plus souvent au sein des entreprises

maceutical industry funding affects trial outcomes: Causal structures and responses », *Social Science & Medicine*, vol. 66, 2008, p. 1909 ; J. Lexchin *et al.*, « Pharmaceutical industry sponsorship and research outcome and quality : systematic review » *BMJ*, n° 326, 2003, p. 1167.

1. H. Melander *et al.*, « Evidence b(i)ased medicine. Selective reporting from studies sponsored by pharmaceutical industry : review of studies in new drug applications », *BMJ*, vol. 326, 2003, p. 1.

2. N. Oreskes, E. M. Conway, *Les Marchands de doute*, Pommier, 2021 ; R.N. Proctor, *Golden Holocaust. La conspiration des industriels du tabac*, Des Équateurs, 2014 ; A. Matheson, « The "Monsanto papers" and the nature of ghostwriting and related practices in contemporary peer review scientific literature », *Account Res*, 2023 (DOI : 10.1080/08989621.2023.2234819).

3. D. L. Kleinman, S. P. Vallas, « Science, capitalism, and the rise of the "knowledge worker" : the changing structure of knowledge production in the United States », *Theory & Society*, vol. 30, 2001, p. 451 ; M. Grossetti, B. Milard, « Les évolutions du champ scientifique en France à travers les publications et les contrats de recherche », *Actes de la recherche en sciences sociales*, vol. 148, 2003, p. 47.

privées [1], en vue d'obtenir l'autorisation de mettre sur le marché des produits réglementés ou de nourrir des procédures d'expertise publique. À des fins d'harmonisation des procédures d'expertise, ces travaux scientifiques sont réalisés suivant des lignes directrices, par exemple les bonnes pratiques de laboratoire élaborées par l'OCDE, qui les éloignent parfois des travaux de recherche réalisés hors de ce cadre (recherche alors dite, par opposition, « académique ») et publiés dans les revues à comité de lecture [2]. Fût-elle issue du secteur privé, il est difficile d'imaginer que la science produite en vue de la décision publique échappe aux standards de qualité visant à assurer les exigences de l'intégrité scientifique [3]. Une telle perspective conduit à s'interroger sur la façon dont les résultats des études scientifiques produites par les entreprises peuvent être soumises à la discussion contradictoire des pairs et se conformer aux exigences de reproductibilité.

2. Intégrité scientifique et pratique des sciences en amateur

Les exigences de l'intégrité scientifique ne s'imposent pas seulement en tant que conséquence de l'exercice d'une activité professionnelle mais bien en tant qu'est menée une activité scientifique. Dès lors, des personnes qui n'exercent pas une profession scientifique – et ne peuvent pas être soumises à une déontologie *professionnelle* – n'en sont pas moins tenues par les règles de l'intégrité scientifique du fait qu'elles réalisent une activité scientifique. Tel est le cas, par exemple, des étudiants qui mènent une recherche dans le cadre d'un mémoire, des amateurs qui participent à des opérations de

1. T. Berger, *L'Accès aux informations environnementales et sanitaires. Le cas des substances chimiques, des OGM et des médicaments*, thèse Paris 1, 2020.
2. P.-B. Joly, « Science réglementaire : une internationalisation divergente ? L'évaluation des biotechnologies aux États-Unis et en Europe », *Revue française de sociologie*, n° 3, 2016, p. 443 ; J.-N. Jouzel, *Pesticides. Comment ignorer ce que l'on sait*, Presses de Sciences Po, 2019.
3. Comme l'a reconnu le bureau présidentiel aux États-Unis : Executive Office of the President of the United States, *Protecting the integrity of government science*, 2022.

sciences participatives, des chercheurs indépendants, des membres de sociétés savantes, etc.

Plusieurs explications peuvent être mises en avant. D'abord, il faut rappeler que la professionnalisation de l'activité scientifique est relativement récente. Si les disciplines universitaires se sont construites par la mise à distance des pratiques amateurs, la qualité d'amateur était considérée au XVIIe siècle comme une garantie de détachement propre à assurer la solidité des résultats scientifiques [1]. Si les conditions d'exercice des activités savantes – exercées à titre professionnel ou en amateur – ont considérablement divergé depuis lors, elles procèdent d'un creuset commun. Ainsi, la falsification de données ou le plagiat justifient autant le retrait d'une publication scientifique lorsqu'ils sont le fait de scientifiques amateurs que lorsqu'ils sont le fait de professionnels.

Ensuite, l'extension des règles de l'intégrité scientifique au-delà du périmètre de l'activité professionnelle se justifie lorsque des non-professionnels sont associés à la recherche menée par des chercheurs professionnels.

Ainsi, l'intégrité scientifique s'impose aux étudiants lorsqu'ils bénéficient de la formation à la recherche par la recherche, dans le cadre par exemple d'un mémoire de recherche ou d'un stage en laboratoire. La formation à la recherche n'implique pas seulement la transmission de connaissances disciplinaires mais aussi celle des règles régissant l'activité professionnelle. À ce titre, les instances disciplinaires n'hésitent pas à sanctionner pour faute un étudiant qui fabrique des données expérimentales pour un mémoire de master 1 [2], tout en veillant à ce que les étudiants aient bien été formés aux exigences de l'intégrité scientifique [3].

Plus récemment, le développement des sciences participatives [4] a permis de souligner que ces pratiques scientifiques,

---

1. S. Shapin, A social history of truth. Civility and science in seventeenth-century England, The University of Chicago Press, 1994.
2. CNESER, aff. 975, 13 mars 2018, *BO ESR*, 20/2018.
3. CNESER, aff. 420 et 421, 28 juin 1994.
4. F. Houllier, *Les Sciences participatives en France. État des lieux, bonnes pratiques et recommandations*, rapport 2016.

qui associent des citoyens à la collecte des données scientifiques, voire à la conception des protocoles de recherche, n'étaient pas soustraites aux exigences de l'intégrité scientifique [1]. Ces activités de recherche associent des amateurs et des professionnels et donnent lieu à des publications dans des revues scientifiques. Les exigences de l'intégrité scientifique s'imposent là aussi, avec éventuellement des procédures adaptées, s'agissant par exemple de l'attribution de la qualité d'auteur aux personnes ayant contribué à ces recherches [2]. En France, une Charte des sciences et recherches participatives (2017) a été adoptée afin d'« accompagner, soutenir et promouvoir les collaborations entre acteurs de la recherche scientifique et de la société civile ». Signé par des établissements de recherche et des associations, ce document promeut la coopération entre la société civile et la communauté scientifique, dans une perspective de gestion commune des connaissances produites, de reconnaissance des apports de chacun et de renforcement des pouvoirs d'agir des acteurs. Les principes déontologiques et d'intégrité scientifique sont solennellement réaffirmés par les signataires.

3. *Intégrité scientifique et responsabilités des institutions*

Les exigences de l'intégrité scientifique ne s'adressent pas seulement aux scientifiques. L'activité de ces derniers s'exerce en effet dans un cadre professionnel dont les contours sont fixés par les institutions qui les emploient. Il incombe, par

1. B. Bedessem, « Sciences participatives : enjeux épistémologiques », *Lato Sensu*, vol. 7, n° 1, 2020, p. 1 ; L. M. Rasmussen, « Confronting research misconduct in citizen science », *Citizen Science : theory and practice*, vol. 4, n° 1, 2019, p. 1 ; B. Bedessem, S. Ruphy, « Citizen science and scientific objectivity : mapping out epistemic risks and benefits », *Perspectives on Science*, vol. 28, 2020, p. 630. Voir aussi les travaux en cours au sein du projet de recherche ROSIE (*Fostering responsible open science in Europe*, 2021-2024).

2. M. Vivant, « Le droit de la propriété intellectuelle face à l'amateur », *in* O. Leclerc (dir.), *Savants, artistes, citoyens : tous créateurs*, Science et Bien commun, 2015, p. 153 ; dans le même volume, D. Pontille, « Contribution profane et attribution scientifique », p. 137. Voir aussi l'avis du COMETS n° 2015-31 : « Les sciences citoyennes ».

conséquent, à ces institutions de mettre en place un environnement de travail favorable au respect des règles déontologiques [1]. Le Conseil de l'Union européenne énonce ainsi que la « responsabilité première en matière d'intégrité dans la recherche appartient aux chercheurs eux-mêmes, une responsabilité générale existant aussi au niveau institutionnel. [Il] appelle par conséquent à promouvoir une culture institutionnelle de l'intégrité dans la recherche afin de créer, principalement grâce à des règles, des procédures et des orientations institutionnelles claires, ainsi que par des actions de formation et de mentorat fondées sur l'échange de bonnes pratiques, un environnement de travail dans lequel un comportement responsable est attendu de chacun, qu'il soit individu ou acteur institutionnel [2] ». Cette invitation s'adresse à « toutes les parties prenantes, y compris les chercheurs, la communauté scientifique, les organismes qui mènent les activités de recherche et ceux qui les financent, les universités, les autorités publiques et les responsables des publications scientifiques, à définir et à mettre en œuvre des actions visant à promouvoir l'intégrité dans la recherche et à prévenir et traiter tout manquement à celle-ci, y compris les pratiques de recherche contestables ». De même, le Code européen pour l'intégrité scientifique (2023) affirme que les principes fondamentaux de l'intégrité scientifique doivent guider « les individus, les institutions et les organisations, dans leur travail comme la façon dont elles appréhendent les questions pratiques, éthiques et intellectuelles posées par la recherche [3] ».

1. L. Bouter, « What research institutions can do to foster research integrity », *Sci Eng Ethics*, vol. 26, 2020, p. 2363 ; J.D. Troy, F. Rockhold, G.P. Samsa, « Institutional approaches to preventing questionable research practices », *Account Res*, vol. 30, n° 4, 2023, p. 252 ; H. Zwart, R. ter Meulen, « Addressing research integrity challenges : from penalising individual perpetrators to fostering research ecosystem quality care », *Life Sciences, Society and Policy*, vol. 15, n° 5, 2019, p. 1.
2. Conclusions du Conseil de l'Union européenne sur l'intégrité en recherche, 1er déc. 2015, 14853/15 RECH 296.
3. ALLEA, *The European Code of conduct for research integrity*, 2023.

En France, la loi demande aux établissements publics contribuant au service public de la recherche et aux fondations reconnues d'utilité publique ayant pour activité principale la recherche publique de mettre en place « les conditions du respect des exigences de l'intégrité scientifique pour les activités et travaux menés en leur sein » et de mettre en place « les dispositifs nécessaires pour promouvoir les valeurs de l'intégrité scientifique et favoriser le respect de ses exigences » (C. rech., art. L. 211-2 et art. D. 211-2). Ces exigences se traduisent, notamment, par des actions de formation des chercheurs et des étudiants [1] et des actions de prévention des manquements à l'intégrité scientifique. Les institutions doivent aussi favoriser la détection de ces manquements et désigner un référent à l'intégrité scientifique chargé de recevoir et de traiter les signalements [2].

4 / Manquements à l'intégrité scientifique

L'intégrité scientifique désigne, *en positif*, les règles professionnelles relatives à la production des connaissances scientifiques. Les scientifiques doivent par exemple faire preuve de rigueur et d'honnêteté dans la présentation de leurs résultats de recherche, déclarer d'éventuels liens d'intérêts, mentionner leurs sources, citer tous les auteurs d'une publication [3]... Mais la teneur exacte de ces règles devient plus précise lorsque sont allégués, *en négatif*, des manquements à l'intégrité scientifique. Ces manquements sont parfois appelés « méconduites » (par analogie avec la formule anglaise *research misconduct*), « inconduites » ou « fraudes » scientifiques.

L'allégation d'un manquement à l'intégrité scientifique constitue une épreuve au cours de laquelle le comportement

1. Voir *infra*, p. 176.
2. Voir *infra*, p. 192.
3. Les exigences de l'intégrité scientifique sont détaillées dans la deuxième partie de cet ouvrage.

d'un scientifique est évalué, afin de déterminer s'il a été ou non conforme aux exigences de l'intégrité scientifique. Ainsi, une accusation de manipulation d'image dans un article scientifique donne l'occasion de caractériser plus précisément l'exigence d'honnêteté dans le travail scientifique. Les allégations de manquements à l'intégrité scientifique sont donc les occasions concrètes au cours desquelles la signification des règles de l'intégrité scientifique s'actualise en situation. La caractérisation de comportements comme « déviants » participe ainsi de la détermination des normes de l'intégrité scientifique. Aussi cet ouvrage s'intéresse-t-il non seulement aux règles de l'intégrité scientifique mais aussi aux manquements à l'intégrité scientifique et à leur traitement.

1. Identification

L'intégrité scientifique étant définie comme les règles professionnelles applicables à la création des connaissances scientifiques, il n'est pas étonnant que l'identification des manquements à l'intégrité soit sujet à discussion. De plus, comme on l'a vu, les manquements susceptibles d'être commis évoluent avec les méthodes et instruments employés en science, par exemple pour le traitement d'images ou l'écriture des articles scientifiques. Le développement des intelligences artificielles génératives, qui permettent de produire des textes, des images ou du code informatique, affecte ainsi l'intégrité scientifique, comme la généralisation de l'accès à l'Internet l'avait fait en son temps [1]. De même, des circonstances particulières de pression sur la recherche scientifique,

1. Le CNESER relevait ainsi en 1994 : « Les plagiats de documents recueillis sur sites Internet constituent une forme nouvelle de fraude qui, même si tout étudiant doit savoir que, d'une manière générale, il lui est interdit de produire des écrits en copiant des documents dont il n'est pas l'auteur sans le préciser par la mise entre guillemets des passages empruntés, nécessite néanmoins de faire l'objet d'une information et d'une mise en garde spécifiques eu égard à la facilité d'accès à cette documentation, sans commune mesure avec celle de l'accès aux documents écrits, et aux particularités de cette nouvelle forme de fraude » (CNESER, aff. 420, 28 juin 1994).

comme l'est la pandémie de Covid-19, mettent en tension la nécessité d'obtenir des résultats rapides avec la mise en œuvre rigoureuse de pratiques expérimentales établies.

Trois comportements sont généralement admis comme constituant le cœur des manquements à l'intégrité scientifique : les fabrications de données (les données publiées ont tout simplement été inventées), les falsifications de données (les données publiées ont été arrangées, modifiées pour correspondre au résultat attendu) et le plagiat (les données ou les idées présentées par un scientifique sont celles de quelqu'un d'autre, qui n'est pas cité). Ces manquements (« Fabrication-Falsification-Plagiat » : FFP) constituent le noyau dur des manquements à l'intégrité scientifique. Les règles fédérales établies par le ministère de la Santé des États-Unis définissent ainsi les méconduites scientifiques comme « la fabrication, la falsification, ou le plagiat dans l'élaboration, la réalisation, l'évaluation de la recherche ou dans la présentation des résultats de recherche [1] ». En Europe, les FFP sont systématiquement visés par les chartes et guides de bonnes conduites relatifs à l'intégrité scientifique. La Charte française de déontologie des métiers de la recherche (2015) énonce ainsi que « la falsification, la fabrication de données, le plagiat sont les manquements les plus graves à l'intégrité. Ils doivent être signalés à l'institution et combattus ».

Si un très large consensus existe pour considérer les fabrications, falsifications et plagiats comme des manquements à l'intégrité scientifique, la plupart des institutions chargées de l'intégrité scientifique en retiennent une conception plus large, sans pour autant qu'il existe un consensus sur le périmètre des manquements retenus [2]. Ces comportements sont désignés comme des pratiques de recherche « critiquables » ou

1. US Department of Health and Human Services, 42 CFR Part. 50 & 93, § 93.103. La même définition est retenue par le *Federal Policy on Research Misconduct* adopté par l'Office of Science and Technology Policy, 2000.
2. Voir par ex., aux États-Unis : D.B. Resnik *et al.*, « Research misconduct definitions adopted by US research institutions », *Account Res*, vol. 22, n° 1, 2015, p. 14 ; au Québec : Fonds de recherche du Québec, *Politique sur la conduite*

plus simplement « discutables » (*Questionable research practices* : QRP). Elles forment ce qu'il est convenu d'appeler une « zone grise » de l'intégrité scientifique. De nombreuses publications tentent d'en dresser la liste [1]. L'OCDE distingue ainsi les méconduites liées :

– aux pratiques de recherche : utilisation de méthodes de recherche dangereuses ou de protocoles expérimentaux défaillants, atteinte aux droits des personnes humaines participant aux expériences, atteintes excessives aux animaux de laboratoires ;

– aux données de recherche : destruction des données de recherche, gestion et conservation déficientes, non-divulgation des données à la communauté scientifique ;

– aux publications scientifiques : attribution imméritée de la qualité d'auteur, privation de la qualité d'auteur, multiplication artificielle des publications (des résultats donnés sont artificiellement découpés en de multiples unités « publiables » afin d'obtenir un plus grand nombre de publications), absence de correction des résultats publiés ;

– à l'attitude des scientifiques : comportement personnel inapproprié, harcèlement, conduite inappropriée dans la direction et le conseil aux étudiants, absence de prise en compte des normes sociales et culturelles ;

– au financement de la recherche : irrégularité de la révision par les pairs (non-révélation de conflits d'intérêts, blocage injustifié de la publication d'une équipe scientifique rivale), absence de crédit restitué aux financeurs de la

---

responsable en recherche, 2022, § 6 ; au Royaume-Uni : M. A. Jacob, « On the scope and typology of "research misconduct" : the gaze of the general medical council, 1990-2015 », *Medical Law Review*, vol. 24, n° 4, 2016, p. 497 ; en Europe : ALLEA, *The European Code of conduct for research integrity*, 2023, § 3.1.

1. Voir not. M. LaFollette, *Stealing into print…*, *op. cit.*, p. 41 et s ; E. H. O'Boyle, M. Götz, « Questionable Research Practices », *in* L. J. Jussim, J. A. Krosnick, S. T. Stevens (eds), *Research Integrity*, Oxford University Press, 2022, p. 260 ; I. Freckelton, « Research misconduct », *in* R. Iphofen (eds), *Handbook of research ethics and scientific integrity*, Springer, 2020, p. 159.

recherche, détournement des fonds de recherche pour des usages non autorisés ou pour un bénéfice personnel, accusation malveillante de manquement à l'intégrité scientifique.

Les comportements visés ici ne sont évidemment pas exhaustifs. De plus, ces manquements à l'intégrité scientifique ne sont pas faciles à caractériser. Dans ces cas, les frontières entre l'activité scientifique ordinaire et les pratiques problématiques sont plus difficiles à tracer, suggérant qu'il existerait un continuum de pratiques [1] entre celles qui sont pleinement approuvées et celles qui sont clairement prohibées. Entre ces deux pôles, certaines pratiques sont sujettes à discussion, sans qu'il soit clairement admis à partir de quel moment elles deviennent fautives et devraient être sanctionnées [2]. Par exemple, l'autocitation (le fait de citer ses propres articles) constitue-t-elle un manquement à l'intégrité scientifique ? N'est-il pas normal qu'un chercheur prenne appui sur ses travaux antérieurs pour approfondir une voie de recherche ? À partir de quel moment la citation de ses propres travaux vise-t-elle plus à renforcer son taux de citations (avec les bénéfices de carrière espérés) qu'à fonder son travail ? [3] De même, le fait de publier plusieurs fois le même travail est-il un manquement à l'intégrité scientifique ? La réponse est positive si l'on considère que plusieurs articles viennent inutilement encombrer la littérature par effet de doublon là où un seul article aurait suffi et que cette pratique est d'abord motivée par la volonté du chercheur d'allonger sa liste de publications. Les revues scientifiques exigent donc, pour la plupart,

1. L. Bouter, « Research misconduct and questionable research practices form a continuum », *Account Res*, 2023 (DOI : 10.1080/08989621.2023.2185141).
2. D.F. Sacco, S.V. Bruton, M. Brown, « In defense of the questionable : defining the basis of research scientists' engagement in questionable research practices », *J Empir Res Hum Res Ethics*, vol. 13, n° 1, 2018, p. 101.
3. Sur ces questions, voir L. Chen, J. Ding, V. Larivière, « Measuring the citation context of national self-references », *Journal of the Association for Information Science and Technology*, vol. 73, 2022, p. 671 ; M. Roig, « Recycling our own work in the digital age », *in* T. Bretag (eds), *Handbook of Academic Integrity*, Springer, 2016, p. 655 ; A. Baccini, E. Petrovich, « A global exploratory comparison of country self-citations 1996-2019 », *PLoS One*, 29 déc. 2023.

que les articles qui leur sont proposés n'aient pas déjà été publiés ailleurs (« règle d'Ingelfinger »). Cependant, c'est supposer ici que les communautés de recherche sont parfaitement unifiées au niveau international. Or, tel n'est pas toujours le cas, et la publication de mêmes résultats de recherche à l'adresse de différentes communautés (scientifiques, linguistiques, méthodologiques) est parfois, au contraire, valorisée et largement pratiquée. Autre exemple : n'est-il pas parfois nécessaire, pour la bonne réalisation d'une expérience, de cacher aux personnes qui y participent le véritable objet du protocole de recherche ? À quelles conditions, par exemple, une « tromperie honnête » est-elle justifiée dans une expérience de psychologie [1] ?

L'appréciation des manquements à l'intégrité scientifique suppose de tenir compte des pratiques propres à chaque discipline (ou sous-discipline) et des attentes qu'une communauté de recherche peut avoir vis-à-vis des recherches menées [2]. Elle appelle des interprétations, qui sont parfois difficiles à anticiper. Par exemple, une action revendicative consistant pour des scientifiques à ajouter parmi les auteurs de leurs publications une personne fictive appelée « Camille Noûs », afin de protester contre des logiques de concurrence individuelle dans la recherche au détriment de fonctionnements collectifs [3], s'est trouvée critiquée comme constituant un manquement

1. S.C. Patten, « On the supposed indispensability of deception in social psychology », *in* E. Erwin, S. Gendin, L. Kleiman (eds), *Ethical Issues in scientific research*, Garland, 1994, p. 111 et, dans le même volume, A.C. Elms, « Keeping deception honest : justifying conditions for social scientific research stratagems », p. 121 ; D. Calvey, « Deception. its use and abuse in social sciences », *in* R. Iphofen (eds), *Handbook of research ethics and scientific integrity, op. cit.*, p. 345 ; K. Verbeke *et al.*, « Assessing the acceptability of individual studies that use deception : a systematic review of normative guidance documents », *Account Res*, 2022 (DOI : 10.1080/08989621.2022.2153675).

2. T. Ravn, M.P. Sørensen, « Exploring the gray area : similarities and differences in questionable research practices (QRP) across main areas of research », *Sci Eng Ethics*, vol. 27, 2021, p. 40.

3. Sur l'usage des auteurs fictifs comme forme de désobéissance civile, voir B. Penders, D.M. Shaw, « Civil disobedience in scientific authorship : resistance and insubordination in science », *Account Res*, vol. 27, n° 6, 2020, p. 347.

aux règles d'intégrité sur l'attribution de la qualité d'auteur [1] et a donné lieu à des corrections par certaines revues [2].

2. *Enjeux*

L'identification des manquements à l'intégrité scientifique est associée à différents enjeux. Certains d'entre eux concernent l'efficacité de l'entreprise scientifique. En effet, les manquements à l'intégrité scientifique dégradent la qualité des résultats de la recherche. Ainsi, des données fabriquées ou « embellies » ne sont pas scientifiquement valides et fragilisent la littérature scientifique. Or, ces données risquent d'être utilisées par des scientifiques de bonne foi pour d'autres recherches, ce qui est cause de perte de temps et d'argent [3]. Le temps passé à explorer ces fausses pistes peut aussi affecter négativement la carrière de ces scientifiques. De plus, des articles scientifiques frauduleux risquent de fausser, par contrecoup, les méta-analyses et fouilles de données qui les intègrent dans des corpus plus larges d'articles, pour lesquels une évaluation qualitative des articles pris séparément est hors de portée [4]. Ces données frauduleuses pourraient aussi être enseignées aux étudiants et se répandre ainsi insidieusement. Le risque est d'autant plus élevé que des études ont montré que la rétractation d'articles scientifiques frauduleux n'empêche pas qu'ils continuent d'être cités par des pairs (on constate tout de même une baisse de ces citations) [5] et qu'ils

1. C. O'Grady, « Who is Camille Noûs, the fictitious french researcher with nearly 200 papers? », *Science*, 16 mars 2021.
2. Il est intéressant de noter que l'ajout de cet auteur fictif est parfois caractérisé comme une erreur, parfois comme une violation des règles de fonctionnement de la revue.
3. A. Stern *et al.*, « Financial costs and personal consequences of research misconduct resulting in retracted publications », *eLife*, vol. 3, 2014, e02956.
4. A. Robin, « Exploitation de l'innovation », *Cah. DST*, n° 14, 2022, p. 226.
5. P. Azoulay *et al.*, « Retractions », *The Review of Economics and Statistics*, vol. 97, 2015, p. 1118 ; P. Azoulay, A. Bonatti, J.L. Krieger, « The career effects of scandal : evidence from scientific retractions », *Research Policy*, vol. 46, 2017, p. 1552 ; A. Kühberger, D. Streit, T. Scherndl, « Self-correction in science : the effect of retraction on the frequency of citations », *PLoS One*, vol. 17, 2022, e0277814.

influencent la construction des politiques publiques [1]. Le site *Retraction Watch* tient à jour une liste des dix articles rétractés les plus cités dans la littérature scientifique [2]. L'acquisition en 2023 par Crossref (l'agence officielle américaine d'enregistrement des identifiants d'objets numériques) des données de rétractation de *Retraction Watch* pourrait cependant faciliter l'identification des articles rétractés [3]. Plus grave encore, des travaux scientifiques frauduleux pourraient être intégrés de bonne foi par des chercheurs à des protocoles thérapeutiques dans le cadre de la recherche biomédicale. On estime à plusieurs dizaines de milliers les patients qui ont participé à des essais cliniques dans le cadre de protocoles ensuite rétractés pour fraude [4].

Les manquements à l'intégrité scientifique sont vus également comme des causes d'une dégradation de la confiance que la société placerait dans la science. Le Code de la recherche fait ainsi explicitement le lien entre le « caractère honnête et scientifiquement rigoureux » des travaux de recherche et la consolidation du « lien de confiance avec la société » (art. L. 211-2). Le thème de la confiance de la société dans la science a reçu un regain d'attention à l'occasion de la pandémie de Covid-19, au cours de laquelle s'est exprimée une certaine défiance à l'égard des scientifiques et de leur travail [5], dans le même temps que les pratiques de

---

1. D. Malkov, O. Yaqub, J. Siepel, « The spread of retracted research into policy literature », *Quantitative Science Studies*, vol. 4, 2023, pp. 68-90.
2. https://retractionwatch.com/the-retraction-watch-leaderboard/top-10-most-highly-cited-retracted-papers/
3. Crossref, blog, 2023 (DOI : 10.13003/c23rw1d9).
4. R. Steen, « Retractions in the medical literature: how many patients are put at risk by flawed research ? », *Journal of Medical Ethics*, vol. 37, 2011, p. 688 ; F. Barde, N. Peiffer-Smadja, A. de La Blanchardière, « Fraude scientifique : une menace majeure pour la recherche médicale », *La Revue de médecine interne*, vol. 41, 2020, p. 330.
5. A.-M. Duguet, « Perte de confiance dans la parole scientifique pendant la crise de la Covid-19 : intégrité scientifique bafouée et arguments complotistes », *in* M. Stanton-Jean et C. Hervé (dir.), *Éthique, intégrité scientifique et fausses nouvelles*, Dalloz, 2021, p. 163 ; B. Bensaude-Vincent, G. Dorthe, *Les Sciences dans la mêlée. Pour une culture de la défiance*, Seuil, 2023.

publication scientifique étaient bousculées [1]. De fait, il est raisonnable de penser que l'écho médiatique donné à des fraudes scientifiques est susceptible d'alimenter une telle défiance. De plus, il est légitime d'attendre d'une recherche financée en tout ou partie sur des fonds publics qu'elle soit conforme aux plus hauts standards de qualité. La question de la confiance de la société dans la science reste cependant complexe. D'une part, cette confiance semble globalement se maintenir à un niveau élevé [2]. D'autre part, ce qu'il faut entendre par « confiance de la société » et la façon dont elle pourrait se mesurer est sujet à discussion [3]. En effet, les catégories visées (« la société », « la science », « la confiance ») apparaissent bien trop englobantes pour permettre une analyse fine des phénomènes en présence. Enfin, à la supposer établie, il est douteux que l'absence de confiance de la société dans la science s'explique seulement par les politiques d'intégrité scientifique, celles-ci étant mal connues en dehors des professions scientifiques [4]. En définitive, c'est surtout la visibilité donnée par les médias à certaines fraudes scientifiques qui pourrait éroder cette confiance, déplaçant l'interrogation sur ce qui fait qu'une « affaire » est (ou non) relayée et par quels médias [5].

---

1. Voir *infra*, p. 56.
2. M. Dubois, C. Guaspare, *L'Intégrité scientifique et l'éthique de la recherche à l'épreuve de la crise Covid-19*, Paris, Sorbonne Université, 2022.
3. J. Besley, L. Tiffany, « What are you assessing when you measure "trust" in scientists with a direct measure? », *Public Understanding of Science*, vol. 32, n° 6, 2023, p. 709 ; K.C. O'Doherty, « Trust, trustworthiness, and relationships : ontological reflections on public trust in science », *Journal of Responsible Innovation*, vol. 10, n° 1, 2023, 2091311.
4. Comp. F. Hendriks, D. Kienhues, R. Bromme, « Replication crisis = trust crisis ? The effect of successful versus failed replications on laypeople's trust in researchers and research », *Public Understanding of Science*, vol. 29, n° 3, 2020, p. 270.
5. Sur cette question, voir L. Boltanski *et al.* (dir.), *Affaires, scandales et grandes causes. De Socrate à Pinochet*, Stock, 2007.

3. Mesure

Quelle est l'importance réelle des manquements à l'intégrité scientifique ? Sont-ils, comme le pensait le sociologue américain R. K. Merton, « extrêmement rares » [1] ? Forment-ils, au contraire, l'ordinaire de la science, dont on peut trouver des exemples chez les plus grands noms de la science « de la Grèce antique à nos jours » [2] ? Sont-ils aujourd'hui plus fréquents qu'auparavant ?

La mesure des manquements à l'intégrité scientifique se résume souvent à la mise en avant de cas emblématiques, identifiés par référence au nom du scientifique mis en cause [3]. Mais, pour instructive que soit l'étude détaillée de leur déroulement [4], ces cas n'indiquent pas forcément une tendance [5]. Car la mise en visibilité croissante de cas de manquement à l'intégrité scientifique peut signaler aussi bien que ces manquements se multiplient ou qu'il leur est prêté une plus grande attention. Du reste, toutes les mises en cause publiques ne se traduisent ni par une caractérisation claire de manquements, ni par des sanctions à l'encontre des personnes concernées.

---

1. R.K. Merton, « Priorities in scientific discovery : a chapter in the sociology of science », *American Sociological Review*, vol. 22, n° 6, 1957, p. 651.
2. W. Broad, N. Wade, *La Souris truquée. Enquête sur la fraude scientifique*, Seuil, 1987, p. 253 et s. ; A. Kohn, *False Prophets. Fraud and error in science and medicine*, Blackwell, 1986, p. 35 et s. ; S.G. Brush, « Should the history of science be rated X? », *Science*, vol. 183, n° 4130, 1974, p. 1164.
3. On trouvera mention de nombreux cas dans : N. Chevassus-au-Louis, *Malscience. De la fraude dans les labos*, Seuil, 2016 ; D. B. Resnik, *The Ethics of science. An introduction*, Routledge, 1998, p. 179 et s.
4. Il est à noter que les cas mentionnés comme emblématiques par les auteurs sont rarement décrits de manière approfondie. Cependant, de belles études fouillées : D. J. Kevles, *The Baltimore case. a trial of politics, science, and character*, Norton & Co., 1998 ; E. S. Reich, *Plastic Fantastic. How the biggest fraud in physics shook the scientifique world*, Palgrave Macmillan, 2009. Pour une étude « historiométrique » d'un échantillon de cas : J. M. DuBois *et al.*, « Understanding research misconduct : a comparative analysis of 120 cases of professional wrongdoing », *Account Res*, vol. 20, 2013, p. 320.
5. A. C. Vieira Armond *et al.*, « A scoping review of the literature featuring research ethics and research integrity cases », *BMC Medical Ethics*, vol. 22, 2021, p. 50.

Aussi bien, de nombreuses recherches ont tenté de mesurer la prévalence (le mot, choisi à dessein, désigne la fréquence d'une pathologie dans une population) des manquements à l'intégrité scientifique [1]. La mesure quantitative des manquements à l'intégrité scientifique est évidemment exposée au risque de sous-déclaration s'agissant de comportements destinés à être cachés. La difficulté est encore renforcée par le fait qu'il n'existe pas toujours d'accord sur ce qu'il convient de considérer comme des pratiques de recherche critiquables, et donc sur ce qu'il faut comptabiliser. Ces problèmes sont bien connus des criminologues, et ne sont du reste pas propres aux méconduites scientifiques [2].

Un premier moyen d'approcher les méconduites scientifiques est d'interroger les scientifiques eux-mêmes, sur leurs propres pratiques et sur celles de leurs collègues [3]. Ces

1. Parmi une très vaste littérature : D. Fanelli, « Is science in crisis ? », *in* L. J. Jussim, J. A. Krosnick, S. T. Stevens (eds), *Research integrity*, Oxford University Press, 2022, p. 93 ; M. Seadle, *Quantifying research integrity*, Morgan & Claypool, 2017 ; H. Zuckerman, « Is "the time ripe" for quantitative research on misconduct in science? », *Quantitative Science Studies*, vol. 1, n° 3, 2020, p. 945 ; N. Ben-Yehuda, A. Olivier-Lumerman, *Fraud and misconduct in research*, University of Michigan Press, 2017, p. 19 et s. ; A. Mansour, S. Ruphy, « État de l'art : tendances de la recherche sur l'intégrité scientifique », *Lato sensu*, vol. 9, n° 1, 2022.

2. F. Hesselmann, V. Wienefoet, M. Reinhart, « Measuring scientific misconduct. Lessons from criminology », *Publications*, vol. 2, 2014, p. 61 ; R. Faria, *Research misconduct as white-collar crime. A criminological approach*, Palgrave Macmillan, 2018 ; D. Adams, K.D. Pimple, « Research misconduct and crime. Lessions from criminal science on preventing misconduct and promoting integrity », *Account Res*, vol. 12, 2005, p. 225.

3. T.L. Haven *et al.*, « Researchers' perceptions of research misbehaviours : a mixed methods study among academic researchers in Amsterdam », *Res. Integr. Peer Rev.*, vol. 4, 2019, p. 25 ; T.L. Haven *et al.*, « Researchers' perceptions of a responsible research climate : a multi focus group study », *Sci Eng Ethics*, vol. 26, 2020, p. 3017 ; I.A. Palla, M. Singson, « How do researchers perceive research misbehaviors ? A case study of indian researchers », *Account Res*, vol. 30, n° 8, 2023, p. 707 ; C. Anderson, « Survey tracks misconduct, to an extent », *Science*, vol. 262, 1993, p. 1203 ; J.I. Seeman, M.C. House, « Authorship issues and conflict in the US academic chemical community », *Account Res*, vol. 22, 2015, p. 346 ; M. Paruzel-Czachura, L. Baran, Z. Spendel, « Publish or be ethical ? Publishing pressure and scientific misconduct in research », *Res Ethics*, vol. 17, n° 3, 2021, p. 375.

enquêtes, qui garantissent l'anonymat des répondants, font ressortir des résultats contrastés. Ainsi, en France, une enquête menée auprès des personnels du CNRS montre que près de 80 % d'entre eux estiment que les principes et obligations de l'intégrité scientifique sont globalement respectés dans leur domaine [1]. De manière plus précise, les scientifiques interrogés ont une perception bien moins favorable des pratiques de leurs collègues que des leurs. Ainsi, si 0,4 % des personnes interrogées déclarent utiliser très souvent ou assez souvent les idées ou travaux d'autrui sans les nommer, 20 % d'entre elles pensent que leurs collègues le font. Parmi les comportements sur lesquels porte l'enquête, c'est le fait de ne pas tenir compte de certaines observations ou résultats jugés intuitivement comme non pertinents qui est le plus souvent déclaré par les scientifiques comme faisant partie de leur propre pratique (14,1 % très souvent ou assez souvent) ou de celles de leurs pairs (38 % très souvent ou assez souvent) [2]. Des résultats plus inquiétants résultent d'une enquête menée aux Pays-Bas auprès de 6 813 scientifiques, qui fait ressortir que 8 % d'entre eux déclarent avoir falsifié ou fabriqué des données entre 2017 et 2020 et que 51 % des répondants admettent appliquer l'une des onze pratiques de recherche discutables envisagées par l'enquête [3]. En revanche, sur un échantillon international de scientifiques, une méta-analyse de différents sondages suggère qu'entre 0,3 % et 4,9 % des personnes incluses dans l'analyse déclarent avoir fabriqué, falsifié ou amélioré des données de recherche, pour une moyenne pondérée estimée à 1,97 % [4]. Par ailleurs, 14,12 % des répondants affirment avoir eu connaissance de la fabrication ou falsification de données de la part de collègues, et

1. M. Dubois, C. Guaspare, *L'Intégrité scientifique et l'éthique de la recherche à l'épreuve de la crise Covid-19*, Paris, Sorbonne Université, 2022, p. 82.
2. *Ibid.*, p. 87.
3. D. Singh Chawla, « 8 % of researchers in dutch survey have falsified or fabricated data », *Nature*, 22 juillet 2021.
4. D. Fanelli, « How many scientists fabricate and falsify research ? A systematic review and meta-analysis of survey data », *PLoS One*, vol. 4, n° 5, 2009, e5738.

28,53 % en moyenne d'avoir eu connaissance de pratiques de recherche critiquables.

Un deuxième moyen, indirect, pour mesurer la prévalence des manquements à l'intégrité scientifique est de compter le nombre d'articles scientifiques rétractés [1]. Il est établi en effet que le nombre total de rétractations a considérablement augmenté au cours des dernières années [2], pour atteindre en 2023 un chiffre supérieur à 10 000 [3]. La question est alors de savoir si ces rétractations sont causées par des manquements à l'intégrité scientifique ou par des « erreurs honnêtes ». L'appréciation de la cause des rétractations n'est cependant pas toujours aisée, ces dernières étant souvent peu explicites sur leurs motifs [4]. De plus, les corpus considérés par les études ne conduisent pas toujours à des résultats convergents [5]. En outre, le nombre croissant de rétractations d'articles scientifiques est à mettre en relation avec l'augmentation du nombre de journaux scientifiques publiant des rétractations, de sorte que le nombre de rétractations par journal ayant adopté cette pratique reste stable, pouvant laissant supposer que les méconduites ne seraient pas plus nombreuses [6].

Enfin, le nombre de signalements reçus par les institutions chargées d'instruire les signalements de méconduites scientifiques donne une indication, là encore très partielle, du

1. M.L. Grieneisen, M. Zhang, « A comprehensive survey of retracted articles from the scholarly literature », *PLoS One*, vol. 7, 2012, e44118.

2. R.G. Steen, A. Casadevall, F.C. Fang, « Why has the number of scientific retractions increased? », *PLoS One*, vol. 8, 2013, e68397.

3. R. Van Noorden, « More than 10 000 research papers were retracted in 2023. A new record », *Nature*, 12 déc. 2023.

4. F. Hesselmann *et al.*, « The visibility of scientific misconduct : a review of the literature on retracted journal articles », *Current Sociology Review*, vol. 65, n° 6, 2017, p. 814.

5. Wray et Andersen montrent que 51 % des rétractations publiées dans la revue *Science* entre 1983 et 2017 font suite à une erreur : K.B. Wray, L.E. Andersen, « Retractions in *Science* », *Scientometrics*, vol. 117, 2018, p. 2009. Comp. F.C. Fang, R.G. Steen, A. Casadevall, « Misconduct accounts for the majority of retracted scientific publications », *Proceedings of the National Academy of Sciences*, vol. 109, n° 42, 2012, p. 17028.

6. D. Fanelli, « Why growing retractions are (mostly) a good sign », *PLoS Med*, vol. 10, n° 12, 2013, e1001563.

nombre de manquements à l'intégrité scientifique. Cette mesure est imparfaite puisque tous les manquements connus ne sont pas signalés [1], sans même parler de ceux qui ne sont pas découverts. Par ailleurs, les comparaisons internationales sont malaisées, les institutions propres à chaque pays ayant été créées à des dates différentes et avec des périmètres distincts. On dispose à ce sujet de données éparses [2]. Pour s'en tenir à la situation en France, on relèvera que la Mission à l'intégrité scientifique du CNRS a reçu 150 signalements depuis sa création en 2018, parmi lesquels 78 ont été considérés comme de possibles manquements et ont été effectivement instruits [3]. Le nombre de manquements à l'intégrité scientifique signalés aux référents à l'intégrité scientifique des universités est incertain, faute d'agrégation nationale. Des données devraient devenir disponibles prochainement en application de la loi du 24 décembre 2020 qui impose aux universités et organismes de recherche d'adresser tous les deux ans au ministère de l'Enseignement supérieur et de la Recherche et au Haut Conseil de l'évaluation de la recherche et de l'enseignement supérieur (Hcéres) un rapport sur les activités qu'ils ont entreprises en faveur de l'intégrité scientifique (C. rech., art. L. 211-2). La mise en place de ce recueil d'information devrait permettre de mieux connaître l'activité des référents à l'intégrité scientifique et les éventuelles sanctions disciplinaires prononcées au sein des établissements.

---

1. Voir *infra*, note 2, p. 185.
2. Selon une étude, entre 1992 (date de sa création) et 2000, l'*Office of Research Integrity* étasunien a reçu 1 500 allégations de méconduites scientifiques en santé publique et recherche biomédicale ; 20 % d'entre elles ont donné lieu à des investigations. Environ 100 cas de méconduite ont été établis, soit environ 6 % des allégations reçues (ESF, *Good scientific practices in research and scholarship*, déc. 2000, § 75). Voir aussi NASEM, *Responsible science. Ensuring the integrity of the research process*, vol. 1, National Academy Press, 1992, p. 80 et s. Si le nombre de signalements est croissant, la proportion de fraudes constatées reste cependant stable : D. Fanelli, « Why growing retractions are (mostly) a good sign », préc.
3. CNRS, *Rapport d'autoévaluation 2017-2021*, 2023, p. 73.

Une épidémie de manquements à l'intégrité scientifique ?

La pandémie de Covid-19 qui s'est répandue à travers le monde au cours de l'année 2020 depuis l'épicentre de Wuhan en Chine a-t-elle favorisé des pratiques scientifiques contraires à l'intégrité scientifique ? Le contexte d'urgence à trouver une réponse sanitaire à la diffusion du SARS-CoV-2 et de ses variants a en effet conduit à un accroissement remarquable des publications consacrées à la compréhension de la pandémie et aux réponses thérapeutiques qu'elle appelle (plus de 200 000 articles scientifiques publiés en 2020[1]). Soumis à la pression du nombre croissant des victimes et de la surcharge des structures de soins et sommés d'apporter des fondements solides aux politiques publiques, les scientifiques ont été tentés d'accélérer le temps de la recherche, aussi bien en allégeant la rigueur des protocoles de recherche biomédicale qu'en publiant des résultats de recherche sous la forme de pré-publications (*preprints*) plutôt que d'attendre l'évaluation des pairs[2]. Les journaux scientifiques ont également réduit sensiblement le temps consacré à l'évaluation par les pairs[3].

Rapidement, cette situation a suscité la réaction de scientifiques voyant dans cette déviation par rapport aux règles généralement admises par les communautés de recherche comme garantes de la qualité des résultats obtenus un véritable « carnage », tant les études produites dans ce contexte étaient éloignées des standards de qualité attendus[4]. L'analyse des rétractations d'articles consacrés au Covid-19 apporte des résultats contrastés, tant sont imprécis les motifs de rétractation des articles (50 % des articles consacrés au Covid-19 rétractés par

1. H. Else, « How a torrent of Covid science changed research publishing. In seven charts », *Nature*, 16 déc. 2020.
2. E.M.R. Smith, C. Rakestraw, J.S. Farroni, « Research integrity during the Covid-19 pandemic : perspectives of health science researchers at an academic health science center », *Account Res*, vol. 30, n° 7, 2022, p. 471 ; Péretz *et al.*, « Littérature médicale et Covid-19 : comment trois articles ont influencé les médias et la décision publique en France », *La Revue de médecine interne*, vol. 42, 2021, p. 583.
3. H. Else, « How a torrent of Covid science changed research publishing. In seven charts », préc.
4. K.A. Bramstedt, « The carnage of substandard research during the Covid-19 pandemic : a call for quality », *Journal of Medical Ethics*, vol. 46, 2020, p. 803.

l'éditeur Elsevier entre janvier 2020 et novembre 2021 le sont sans que les motifs en soient communiqués[1]).

Cette tension entre volonté d'obtenir des résultats de recherche rapides et nécessité d'assurer une science de qualité fait saisir comment les enjeux d'intégrité scientifique se relient aux rythmes de la recherche, qui ne sont pas nécessairement ceux des politiques publiques. Elle conduit aussi à des réflexions sur les façons d'améliorer les pratiques de la publication scientifique[2].

4. Causes

Ce qui pousse les scientifiques à frauder est sujet à discussion. Schématiquement, les explications proposées sont de trois ordres[3].

Une première possibilité consiste à explorer des facteurs individuels de fraude. Désir de réussir, crainte de l'échec, quête de reconnaissance[4] ? En plaçant la responsabilité des méconduites scientifiques sur les individus, ces explications confortent une identité professionnelle rêvée, dans laquelle les scientifiques sont globalement vertueux, sous la réserve de quelques individus fragiles et/ou subissant de fortes contraintes (par exemple qui voient le renouvellement de leur titre de séjour conditionné au maintien de leur contrat de

1. S. Shimray, « Research done wrong : a comprehensive investigation of retracted publications in Covid-19 », *Account Res*, vol. 30, n° 7, 2021, p. 393. Voir aussi P. Soltani, R. Patini, « Retracted Covid-19 articles : a side-effect of the hot race », *Scientometrics*, n° 125, 2020, p. 819.
2. C. Locher *et al.*, « Publication by association : how the Covid-19 pandemic has shown relationships between authors and editorial board members in the field of infectious diseases », *BMJ Evid Based Med*, vol. 27, n° 3, 2022, p. 133 ; H. Maisonneuve, « Peut-on diminuer les standards de publication en période de pandémie ? », *in* M. Bergadaà, P. Peixoto, *L'Urgence de l'intégrité scientifique* ? EMS éd., 2021, p. 149 ; O. Garraud, « Enjeux éthiques de la publication scientifique et leçons de la période Covid-19 », *in* M. Stanton-Jean et C. Hervé (dir.), *Éthique, intégrité scientifique et fausses nouvelles*, *op. cit.*, p. 95.
3. B. K. Sovacool, « Exploring scientific misconduct : isolated individuals, impure institutions, or an inevitable idiom of modern science ? », *Bioethical Inquiry*, vol. 5, 2008, p. 271.
4. J. Haiech, C. Forest, « Besoin de reconnaissance et intégrité scientifique : un couple antagoniste ? », *Mélanges Christian Hervé*, Dalloz, 2018, p. 209.

recherche [1]). Dans cette logique individuelle, les inévitables « canards boiteux » (*rotten apples* en anglais) doivent être identifiés et ramenés dans le droit chemin : les manquements à l'intégrité scientifique sont décrits comme des « pêchés » qui appellent « rédemption » [2], et l'auteur de plagiat comme « celui par qui la contamination arrive » [3]. C'est ainsi, par exemple, que la Recommandation de l'Unesco concernant la science et les chercheurs scientifiques (2017) place « l'intégrité intellectuelle, la vigilance à l'égard des conflits d'intérêts, le respect des principes éthiques en matière de recherche » parmi les « qualités et attitudes d'esprit personnelles » des scientifiques. Parmi les facteurs individuels susceptibles d'expliquer les manquements à l'intégrité scientifique, la prise en compte du genre des personnes concernées fait débat. En effet, plusieurs études montrent une sur-représentation des hommes parmi les auteurs de manquements à l'intégrité scientifique [4], mais d'autres travaux relativisent le caractère déterminant du genre dans une perspective causale [5].

Ces explications se heurtent au fait que les comportements individuels sont difficilement détachables du contexte professionnel dans lequel ils s'inscrivent. Aussi une deuxième ligne explicative des manquements s'efforce-t-elle d'identifier les éléments d'organisation de l'activité scientifique qui peuvent

1. Cet exemple est donné par le Bureau fédéral pour l'intégrité scientifique des États-Unis (ORI, *Potential drivers to research misconduct*).
2. C. Chambers, *The Seven Deadly Sins of psychology. A manifesto for reforming the culture of scientific practice*, Princeton University Press, 2017.
3. M. Bergadaà, « Épidémiologie universitaire : le cas du plagiat », *in* M.-F. Chevallier-Le Guyader *et al.* (dir), *Science et société. Les Normes en question*, Actes Sud/IHEST, 2014, p. 194.
4. E. Decullier, H. Maisonneuve, « Retraction according to gender : a descriptive study », *Account Res*, vol. 30, n° 6, 2023, p. 356 ; F.C. Fang, J.W. Bennett, A. Casadevall, « Males are overrepresented among life science researchers committing scientific misconduct », *mBio*, vol. 4, n° 1, 2013, e00640.
5. A. Kaatz, P.N. Vogelman, M. Carnes, « Are men more likely than women to commit scientific misconduct ? Maybe, maybe not » *mBio*, vol. 4, n° 2, 2013, e00156 ; D. Fanelli, R. Costas, V. Larivière, « Misconduct policies, academic culture and career stage, not gender or pressures to publish, affect scientific integrity », *PLoS One*, 2015, p. 1.

pousser à la fraude [1]. Parmi les éléments mis en avant figurent :

– la structure d'incitation professionnelle (*reward system*) dans laquelle s'insèrent les scientifiques. Pour être recrutés, maintenus dans l'emploi, promus, ces derniers doivent faire état de publications, dans des journaux scientifiques à fort impact. Aussi, cette pression à la publication (exprimée par la formule bien connue « *publish or perish* »), dans des revues dont l'accès est très restreint, peut pousser à embellir les résultats scientifiques, quand ce n'est pas les fabriquer purement et simplement. La déviance scientifique est alors analysée comme une conséquence des logiques de compétition à l'œuvre dans le domaine scientifique. Le lien entre la pression à la publication et la prévalence des méconduites scientifiques est cependant mis en cause par certaines études [2] ;

– le développement des financements sur contrat de la recherche encourage à exagérer les résultats que l'on peut attendre d'un projet de recherche ou que ce projet a effectivement permis d'atteindre, afin de maintenir le financement des travaux du laboratoire et des personnels contractuels qui y travaillent [3] ;

– le développement des classements internationaux d'universités et d'établissements de recherche ont conduit certains d'entre eux à mettre en place des politiques de primes destinées à attirer des chercheurs publiant dans des revues à fort

1. J.P. Walsh, Y.N. Lee, L. Tang, « Pathogenic organization in science : division of labor and retractions », *Research Policy*, vol. 48, 2019, p. 444 ; E.J. Hackett, « A Social Control perspective on scientific misconduct », *J High Educ*, vol. 65, n° 3, 1994, p. 242 ; S. Gutwirth, J. Christiaens, « Les sciences et leurs problèmes : la fraude scientifique, un moyen de diversion ? », *Revue interdisciplinaire d'études juridiques*, n° 1, 2015, p. 21 ; A. Fagot-Largeault, « Petites et grandes fraudes scientifiques, le poids de la compétition », in *La Mondialisation de la recherche : compétition, coopérations, restructurations*, Collège de France, 2011 [en ligne].

2. D. Fanelli, « Do pressures to publish increase scientists' bias? An empirical support from US states data », *PLoS One*, vol. 5, n° 4, 2010, e10271.

3. N. Millar, B. Batalo, B. Budgell, « Trends in the use of promotional language (hype) in abstracts of successful National Institutes of Health grant applications, 1985-2020 », *JAMA Network Open*, vol. 5, n° 8, 2022, e2228676.

impact [1] : dans cette perspective, c'est tout simplement l'appât du gain qui peut encourager à frauder ;

– l'insertion dans un environnement de travail où les exigences de l'intégrité scientifique ne sont pas promues, voire où prévaut une certaine tolérance vis-à-vis des manquements à l'intégrité, est susceptible de favoriser des comportements irréguliers. À l'inverse, l'adhésion explicite des scientifiques à un code de conduite, le prononcé d'un serment de respecter l'intégrité scientifique, la mise en place de procédures pour traiter les méconduites scientifiques constituent autant de mesures institutionnelles propres à éviter le « désengagement moral » [2].

Dès lors, au-delà des facteurs individuels propres aux auteurs de méconduites, l'attention se porte sur les systèmes d'incitation (symbolique ou matérielle) dans lesquels évoluent les chercheurs [3]. Cette perspective rejoint la position de Merton qui voyait la vertu en science comme le résultat de facteurs institutionnels appropriés. Elle rejoint aussi la perspective proposée par la sociologie de la déviance, qui montre que les personnes se livrant à des activités considérées comme déviantes ne sont pas mues par des forces mystérieuses et inconnaissables mais par des raisons analogues à celles qui motivent les activités les plus ordinaires [4].

1. W. Quan, B. Chen, F. Shu, « Publish or impoverish. An investigation of the monetary reward system of science in China (1999-2016) », *Aslib Journal of Information Management*, vol. 69, n° 5, 2017, p. 486 ; A.L. Ahlers, S. Christmann-Budian, « The politics of university rankings in China », *High Educ*, vol. 86, 2023, p. 751 ; S. Wilbers, J. Brankovic, « The emergence of university rankings : a historical-sociological account », *High Educ*, vol. 86, 2023, p. 733.

2. B.K. Redman, A.L. Caplan, « Improving research misconduct policies. Evidence from social psychology could inform better policies to prevent misconduct in research », *EMBO Reports*, vol. 18, n° 4, 2017, p. 511.

3. B.K. Redman, *Research misconduct policy in biomedicine. Beyond the bad-apple approach*, MIT Press, 2013 ; M. Kalichman, « Survey study of research integrity officers' perceptions of research practices associated with instances of research misconduct », *Res. Integr. Peer Rev.*, vol. 5, n° 17, 2020, p. 1.

4. N. Ben-Yehuda, « Deviance in science. Towards the criminology of science », *British Journal of Criminology*, vol. 26, 1986, p. 1 ; N. Ben-Yehuda, A. Olivier-Lumerman, *Fraud and misconduct in research*, University of Michigan Press,

En prolongeant cette idée, une troisième perspective consiste à envisager, au risque de la provocation, certains manquements à l'intégrité scientifique comme des comportements parfaitement rationnels de la part des scientifiques. Ainsi, tant que l'évaluation des chercheurs prend en compte le nombre des publications, le recours à des revues prédatrices peut s'avérer une solution logique, surtout pour des scientifiques travaillant dans des pays peu dotés en ressources financières et dont les institutions, en tout état de cause, ne peuvent pas payer les frais de publication (*article processing charges*) demandés par certaines revues renommées [1]. Dans une telle perspective, les « proies » des revues « prédatrices » peuvent être parfaitement consentantes… et ces revues apparaissent comme un excellent moyen de maintenir, en miroir, la réputation des revues « sérieuses » et de justifier leurs conditions économiques d'accès [2]. Les manquements à l'intégrité scientifique font alors figure de face inversée de l'évaluation quantitative des chercheurs et des institutions.

Selon la perspective adoptée (les méconduites découlent de faiblesses individuelles ; sont des effets malheureux de l'organisation de la recherche ; sont des comportements rationnels de la part d'individus et d'institutions évalués au moyen d'indicateurs de performance), les solutions proposées ne sont évidemment pas les mêmes : l'attention aux choix individuels des acteurs encourage à développer la formation à l'intégrité scientifique et la promotion d'une « culture de l'intégrité

2017, p. 143 et s. ; J. Larrègue, A. Saint-Martin, « Trouble dans l'*ethos* scientifique », *Zilsel*, n° 6, 2019, p. 149.

1. S. de Rijcke, T. Stöckelová, « Predatory publishing and the imperative of international productivity : feeding off and feeding up the dominant », *in* M. Biagioli, A. Lippman (eds), *Gaming the metrics. Misconduct and manipulation in academic research*, MIT Press., 2020, p. 101 ; F. Shu, V. Larivière, « The oligopoly of open access publishing », *Scientometrics*, vol. 129, 2023, spéc. p. 532.

2. Dans le même volume, M. A. Jacob, « Crack open the make believe : counterfeit, publication ethics, and the global south », spéc. p. 256 ; A. Saint-Martin, « L'édition scientifique "piratée". Passage en revue et esquisse de problématisation », *Zilsel*, n° 4, 2018, p. 179 ; et dans le même numéro : J. Frances, « La mégafaune des sciences. L'Holocène de l'édition savante », p. 123.

scientifique » ; l'attention aux facteurs organisationnels invite à porter un regard sur l'organisation du travail scientifique, ralentir l'activité scientifique, favoriser la science ouverte, développer l'engagement des organisations et des individus en faveur de l'intégrité scientifique ; l'attention aux indicateurs chiffrés ouvre à une réforme de l'évaluation de la recherche dans un sens qualitatif plutôt que quantitatif.

Ces trois perspectives sont plus cumulatives qu'exclusives [1]. Elles soulignent combien la réflexion sur l'intégrité scientifique est indissociable d'une analyse du contexte institutionnel dans lequel s'inscrit la recherche et des évolutions qui l'affectent.

À retenir

Les règles qui forment la déontologie de la recherche sont les règles relatives à l'exercice des professions scientifiques.

Parmi ces règles déontologiques, celles qui concernent plus particulièrement l'avancée des connaissances scientifiques sont les règles de l'intégrité scientifique.

Les règles de l'intégrité scientifique visent à garantir la qualité et la fiabilité des résultats scientifiques. Elles ne concernent pas toutes les conditions d'exercice du travail scientifique et ne se réduisent pas à la seule scientificité des résultats de recherche.

Le respect de la déontologie de la recherche et de l'intégrité scientifique s'impose à toutes les personnes qui exercent une activité scientifique, qu'elles participent à la recherche ou qu'elles exercent une profession d'appui à la recherche, qu'elles aient le statut d'agent public ou qu'elles soient employées par contrat de travail.

Les exigences d'intégrité scientifique s'imposent à toutes les personnes qui exercent une activité scientifique, même si elles ne s'y livrent pas dans le cadre d'une activité professionnelle (étudiants, amateurs de sciences, sciences participatives).

Les exigences d'intégrité scientifique font naître des obligations pour les scientifiques comme pour les institutions qui les emploient et qui organisent leur activité.

1. S. Leistedt, P. Linkowski, « Fraud, individuals, and networks : a biopsychosocial model of scientific fraud », *Science and Justice*, vol. 56, 2016, p. 109.

Les manquements à l'intégrité scientifique sont des violations des exigences de l'intégrité scientifique.

La teneur précise des exigences de l'intégrité scientifique se révèle souvent à l'occasion des accusations de manquements à l'intégrité scientifique.

L'identification des manquements à l'intégrité scientifique est importante pour renforcer autant que possible la qualité de la science, assurer la bonne utilisation des ressources publiques, fonder solidement les politiques publiques et l'activité économique. La révélation des manquements à l'intégrité scientifique peut avoir une incidence sur l'image que les citoyens se font de l'activité scientifique.

Au-delà de cas emblématiques qui reçoivent une visibilité médiatique, la fréquence des manquements est saisie par des mesures indirectes : sondages, nombre de rétractations d'articles dans des journaux scientifiques, saisines des référents à l'intégrité scientifique.

Les manquements à l'intégrité scientifique ont des causes individuelles comme institutionnelles. Une grande partie des études voit les manquements à l'intégrité scientifique comme des réactions aux systèmes de récompense matérielle et symbolique dans lesquels évoluent les scientifiques. Les politiques de promotion de l'intégrité scientifique s'attachent à infléchir ces dispositifs institutionnels dans un sens favorable à la qualité du travail scientifique.

PREMIÈRE PARTIE

SOURCES

La déontologie de la recherche et l'intégrité scientifique s'inscrivent dans des sources normatives très diverses. Certaines règles relèvent du droit des États ; le droit étatique portant sur la déontologie et l'intégrité scientifique est plus ou moins développé selon les pays [1]. On envisagera ici celui de l'ordre juridique de la République française, hormis quelques brèves mentions d'autres systèmes juridiques pour les besoins de la présentation. D'autres normes de la déontologie de la recherche et de l'intégrité scientifique sont élaborées au sein d'organisations internationales – comme l'Unesco, l'OCDE, l'Union européenne – : selon les cas, elles s'intègrent aux ordres juridiques des États participant à ces organisations, ou constituent de simples recommandations. À cela s'ajoute un grand nombre de textes, désignés de diverses manières (chartes, guides de bonnes pratiques, codes de conduite). Ces appellations se retrouvent aussi parfois dans des textes d'origine étatique ou internationale, élaborés par les scientifiques eux-mêmes, le plus souvent au sein de leurs institutions professionnelles (sociétés savantes, conférences scientifiques,

1. T. Bretag (eds), *Handbook of academic integrity*, Springer, 2016 ; S. Godecharle, B. Nemery, K. Dierickx, « Heterogeneity in European research integrity guidance : relying on values or norms? », *J Empir Res Hum Res Ethics*, vol. 9, n° 3, 2014, p. 79.

etc.)[1]. La portée conférée aux règles qu'ils énoncent diffère d'un document à l'autre. S'agissant d'abord de leur objet : les chartes concernent parfois l'activité de recherche en général ; dans d'autres cas, elles énoncent des exigences déontologiques particulières à tel ou tel domaine de recherche[2]. S'agissant ensuite de leurs destinataires : certaines textes s'adressent à tous les scientifiques, sans considération de nationalité ou de lieu d'exercice, comme par exemple, la Déclaration de Singapour sur l'intégrité scientifique[3] ou, dans l'espace européen, le Code de conduite européen pour l'intégrité scientifique[4]. D'autres visent plus particulièrement les scientifiques exerçant dans un pays donné. De très nombreux pays ont en effet élaboré des chartes et codes de conduite « nationaux ». C'est le cas en France avec la Charte française de déontologie des métiers de la recherche (2015).

Si ces codes et chartes peuvent présenter des différences sensibles les uns par rapport aux autres[5], il est rare cependant qu'ils contiennent des règles très différentes sur le fond. Cette uniformité dans la diversité s'explique par le fait que les règles de l'intégrité scientifique concernent une activité scientifique aujourd'hui très largement internationalisée[6]. En outre, les renvois entre ces différents textes sont fréquents. Ainsi, la Charte française de déontologie des métiers de la

1. M. Sutrop, M.L. Parder, M. Juurik, « Research ethics codes and guidelines », *in* R. Iphofen (eds), *Handbook of research ethics and scientific integrity*, *op. cit.*, p. 67.
2. Par ex. : *International Ethical Guidelines for biomedical research involving human subjects* (1982, 1993, 2002) ; Charte nationale portant sur l'éthique de l'expérimentation animale (2008, 2014) ; *European Commission Code of conduct on responsible nanoscience and nanotechnology research* (2008) ; *NIH Guidelines for research involving recombinant or synthetic nucleic acid molecules* (2019) ; Charte de développement responsable des neurotechnologies (2022).
3. WCRI, *Singapore Statement on research integrity*, 2010.
4. ALLEA, *The European Code of conduct for research integrity*, [2011, 2017] 2023.
5. H. Desmond, K. Dierickx, « Research integrity codes of conduct in Europe : understanding the divergences », *Bioethics*, vol. 35, 2021, p. 414.
6. Voir *supra*, p. 28.

recherche (2015) se présente comme « une déclinaison nationale des principaux textes internationaux dans ce domaine : la Charte européenne du chercheur (2005) ; *the Singapore Statement on research integrity* (2010) ; *the European Code of conduct for research integrity* (ESF-ALLEA, 2011) » et s'inscrit « dans le cadre de référence proposé dans le programme européen Horizon 2020 de recherche et d'innovation ». De même, la Charte déontologique du CNRS (2018) rappelle que l'organisme de recherche a été signataire de la Charte européenne en 2005, de la Déclaration de Singapour en 2010 et de la Charte nationale de déontologie des métiers de la recherche en 2015.

Se dessine ainsi un écosystème de normes, dont le type, les auteurs et la teneur présentent des nuances, mais qui concourent à dessiner les contours de la déontologie de la recherche et de l'intégrité scientifique.

CHAPITRE 1

TYPES DE NORMES

1 / Autorégulation ou régulation étatique ?

Une partie des normes du droit positif étatique s'appliquent à l'activité professionnelle des scientifiques. Cependant, un large consensus s'est depuis longtemps exprimé chez les scientifiques pour considérer que les règles d'exercice de leur activité devaient être fixées par les pairs, de même que seuls les pairs devaient pouvoir veiller à leur respect et éventuellement les sanctionner.

Aussi une figure classique de la sociologie des sciences comme Robert K. Merton a-t-il pu relever que l'autonomie acquise par la science lui avait permis de se doter de ses propres « règles du jeu », qui règlent les attitudes et les sentiments des scientifiques – ces règles dessinent une manière d'être, un *ethos*, propre à la science qui se caractérise par des traits comme l'honnêteté intellectuelle, l'intégrité, le scepticisme organisé, le désintéressement, l'effacement de soi [*impersonality*] [1], résumés autour de quatre « impératifs institutionnels » : l'universalisme, le communalisme, le désintéressement, le scepticisme organisé [2]. En laissant transparaître les

1. R. K. Merton, « Science and the social order », *Philos Sci*, vol. 5, n° 3, 1938, p. 321.
2. R. K. Merton, « Science and technology in a democratic order », *Journal of Legal and Political Sociology*, vol. 1, 1942, p. 115 (repris dans *The Sociology of science. Theoretical and empirical investigations*, The University of Chicago Press, 1973, p. 267, sous le titre « The Normative Structure of science »).

buts désirables du groupe et en régulant les manières acceptables d'atteindre ces buts [1], les structures sociales propres à la science exercent une pression sur les scientifiques et permettent de définir ce qui correspond à un comportement conforme aux normes professionnelles. Ces manières d'être et ces sentiments se trouvent, écrit Merton, heurtés par les conceptions que l'État voudrait imposer dans la sphère de la recherche scientifique. Contre une vision dépassionnée de la science [2], Merton insiste sur les « investissements émotionnels » et les « normes institutionnelles » qui existent chez les scientifiques, comme chez tous les professionnels : « La stabilité de la science n'est assurée que si des défenses adéquates sont dressées contre les changements imposés de l'extérieur de la fraternité scientifique elle-même. [3] » Ainsi, ces sentiments partagés par les scientifiques, qui constituent les normes institutionnelles de leur activité, sont les garants de l'autonomie de la science. Plus encore, ils sont, pour Merton, un contexte institutionnel qui offre à la science ses meilleures conditions de développement, plaidant pour un ordre démocratique qui intègre cet *ethos* [4], en rupture en particulier avec les tentatives du national-socialisme, et plus tard de l'Union soviétique, de prise en main de la science.

Les normes de la science identifiées par Merton ne sont pas décrites comme étant des normes juridiques. Non nécessairement codifiées, ces « normes et valeurs » peuvent être « inférées du consensus moral exprimé par les scientifiques [5] », tel qu'il se donne à voir dans leurs usages et coutumes, dans les écrits des scientifiques, dans les indignations que suscitent les atteintes portées à cet *ethos*. Les juristes se sont, quant à eux,

1. R. K. Merton, « Social structure and anomie », *American Sociological Review*, vol. 3, n° 5, 1938, p. 672.
2. Sur ce sujet, voir F. Waquet, *Une Histoire émotionnelle du savoir. XVIIe-XXIe siècles*, CNRS éd., 2019.
3. R. K. Merton, « Science and the social order », préc., p. 328.
4. B. Barnes (eds), *Sociology of science*, Penguin Books, 1972, p. 65.
5. R. K. Merton, « Science and technology in a democratic order », préc.

interrogés sur la capacité de groupes sociaux particuliers à créer leurs propres normes – qu'il s'agisse de règles réalisant « l'intégration objective d'une totalité [1] », issues des « matrices corporatives [2] », ou encore produites au sein d'une entreprise [3] ou d'une organisation criminelle [4] –, ainsi que sur la façon dont ces règles peuvent s'articuler avec le droit de l'État [5]. Les règles déontologiques se trouvent naturellement au cœur de ces interrogations, entre règles *procédant* des professions elles-mêmes et règles étatiques *réglementant* ces professions [6]. La déontologie de la recherche n'y fait pas exception. La possibilité de systèmes de normes extérieurs aux normes valides de l'ordre juridique étatique invite en effet, dans une perspective pluraliste, à considérer la « communauté scientifique [7] » comme un « système normatif communautaire [8] », producteur de ses propres règles, les « règles de l'ordre savant [9] ». Les liens que ces systèmes de normes entretiennent avec l'ordre juridique étatique font l'objet de discussions.

Les règles déontologiques de la recherche et l'intégrité scientifique se trouvent donc en tension entre l'autorégulation

---

1. G. Gurvitch, *L'Idée du droit social*, Sirey, 1932.
2. E. Lambert, « L'enseignement du droit comme science sociale et comme science internationale » (préface), *in* R. Valeur, L'Enseignement du droit en France et aux États-Unis, Bibl. de l'Institut de droit comparé de Lyon, t. 23, 1928, p. XXXIX.
3. N. Aliprantis, « L'entreprise en tant qu'ordre juridique », in *Le Droit collectif du travail : questions fondamentales, évolutions récentes. Études en hommage à Mme le Pr Hélène Sinay*, P. Lang, 1994, p. 185.
4. D. Villegas, *L'Ordre juridique mafieux*, Dalloz, 2018.
5. S. Romano, *L'Ordre juridique*, Dalloz, 1975.
6. J. Moret-Bailly, D. Truchet, *Droit des déontologies*, Puf, 2016, n° 60 et s.
7. Sur l'histoire de ce qu'il est convenu d'appeler « la communauté scientifique », voir L. Daston, *Rivals. How scientists learned to cooperate*, Columbia Global Reports, 2023.
8. E. Vergès, « Éthique et déontologie de la recherche scientifique. Un système normatif communautaire », *in* J. Larrieu, *Qu'en est-il du droit de la recherche ?*, Presses de l'Université Toulouse 1 Capitole, 2008, p. 131.
9. R. Encinas de Muñagorri, « La communauté scientifique est-elle un ordre juridique ? », *RTD civ.* 1998, p. 247.

des professions et la régulation étatique [1]. Même si les manquements à l'intégrité s'inscrivent dans une histoire longue [2], ce n'est qu'à partir des années 1980 que ce thème a été investi politiquement par des acteurs qui ont contribué à en faire un « problème public », qui appelle réaction. Aux États-Unis, l'attention nouvelle prêtée à la fraude scientifique se traduit alors par une couverture médiatique inédite d'affaires de méconduite scientifique, non sans susciter des réactions outrées de certains scientifiques contre ces nouveaux censeurs de la science [3]. Le Congrès engage alors des auditions parlementaires et l'exécutif envisage de légiférer en ce domaine (rappelons que le financement de la recherche par des agences publiques fait de la fraude scientifique une mauvaise utilisation des fonds publics). La perspective d'une intervention fédérale dans le fonctionnement de la recherche, à rebours d'une longue tradition d'autoréglementation des communautés scientifiques, conduit les sociétés savantes et les académies à s'engager sur le thème de l'intégrité scientifique. La fin des années 1980 et le début des années 1990 aux États-Unis voient ainsi émerger des textes qui explicitent les principes de l'intégrité scientifique et s'attachent à préciser le traitement des éventuels manquements [4].

Ces réflexions outre-Atlantique se déclinent dans les États européens, avec un degré variable de volontarisme. En France, il faudra attendre le milieu des années 2010 pour voir une législation nationale relative à l'intégrité scientifique

---

1. S. Brissy, « L'autorégulation des professions », *Droit social*, 2016, p. 137.
2. Voir les références citées note 2, p. 51.
3. R. D. Davis, « New censors in the academy : two approaches to curb their influence », *Science, Technology & Human Values*, vol. 13, n° 1-2, 1988, p. 64 ; E. Braunwald, « On analysing scientific fraud », *Nature*, vol. 325, 1987, 215.
4. Sur cette histoire, M. C. LaFollette, « The politics of research misconduct : congressional oversight, universities, and science », *J High Educ*, vol. 65, n° 3, 1994, p. 261 ; N. H. Steneck, « Research universities and scientific misconduct : history, policies, and the future », *J High Educ*, vol. 65, n° 3, p. 310 ; D. Guston, *Between Politics and Science : assuring the integrity and productivity of research*, Cambridge University Press, 2000, p. 86 et s.

prendre consistance [1]. La France est alors très loin d'être en pointe sur ces questions, investies depuis longtemps dans d'autres pays européens.

Les circonstances et les raisons qui expliquent la mise à l'ordre du jour de politiques publiques relatives à l'inconduite scientifique restent à étudier. Des affaires de manquements à l'intégrité scientifique sont souvent mises en avant comme étant des déclencheurs de l'action publique. On formulera cependant l'hypothèse que l'adoption de règles étatiques sur l'intégrité scientifique est avant tout le reflet de mutations qui affectent l'activité scientifique, confrontée à une forte mondialisation, à une professionnalisation sans équivalent auparavant, au développement du financement privé de la recherche et à une insertion plus étroite dans les politiques d'innovation des États associée à des investissements publics importants dans la recherche [2]. Or, ces mouvements qui affectent la plupart des pays du monde, et sont accélérés dans l'Union européenne après d'adoption de l'Agenda de Lisbonne [3], touchent la France bien après d'autres pays, à partir du milieu des années 2000 [4]. Les affaires emblématiques d'inconduite scientifique apparaissent ainsi bien moins

1. Voir *infra*, p. 81.
2. Les académies des sciences et techniques des États-Unis mettent bien en relation le développement des préoccupations d'intégrité scientifique dans les politiques publiques avec les changements affectant l'environnement de la recherche : NASEM, *Fostering Integrity in research*, National Acad. Press, 2017, p. 39 et s. Voir également C. Bessy, F. Chateauraynaud, « Alertes et chuchotements. Le plagiat universitaire entre disputes informelles, scandales publics et politiques managériales », *Questions de communication*, 2015, p. 189 ; F. Piron, « Penser le plagiat à la lumière du cadre normatif du régime contemporain des savoirs scientifiques », *Questions de communication*, 2015, p. 217 ; S. McKenna, « Plagiarism and the commodification of knowledge », *J. High Educ*, vol. 84, 2022, p. 1283.
3. Voir U. Felt, B. Wynne, *Taking european knowledge society seriously*, Commission européenne, 2007, spéc. p. 43 et s.
4. G. Fussman (dir.), *La Mondialisation de la recherche : compétition, coopérations, restructurations*, Collège de France, 2011 ; C. Crespy, J. Aust, *La Recherche en réformes. Les politiques de recherche entre État, marché et profession*, éd. Archives contemp., 2014 ; J. Laillier, C. Topalov, *Gouverner la science. Anatomie d'une réforme (2004-2020)*, Agone, 2022.

comme des moteurs de l'action publique que comme des signes des mutations profondes qui affectent alors l'Université et la recherche en France.

Dans une perspective plus large, l'émergence d'une politique publique d'intégrité scientifique est à mettre en relation avec la place croissante occupée par les savoirs scientifiques dans les sociétés contemporaines. Au sein de sociétés que l'on qualifie volontiers de « sociétés de la connaissance[1] », les savoirs scientifiques ont acquis une centralité dans les processus économiques et dans les relations sociales ordinaires (notamment par le biais du numérique) qui situe les enjeux de sa qualité non seulement dans l'ordre de la science mais aussi au cœur du bon fonctionnement des sociétés industrielles capitalistes[2]. Le lien entre recherche, innovation et développement économique est au cœur des politiques d'innovation de l'OCDE[3] et de l'Union européenne[4].

L'émergence d'une politique d'intégrité peut être vue comme un corollaire de la place croissante de la connaissance scientifique dans les opérations économiques, sur fond de mutations affectant les universités et les pratiques de publication. Dans une telle perspective, l'intégrité scientifique entretient des liens étroits avec la question de la *responsabilité* (*accountability*)[5] du monde de la recherche, qui doit garantir la qualité des productions scientifiques permises par les financements reçus, sur un modèle qui n'est pas très éloigné du contrôle au sein des entreprises (objectifs, indicateurs, signalements, audits…) et de l'*assurance qualité* des institutions de recherche, dont il est attendu qu'elles veillent au professionnalisme des pratiques scientifiques en leur sein.

1. N. Stehr, *Knowledge and economic conduct. The social foundations of the modern economy*, University of Toronto Press, 2002.
2. N. Stehr, *Knowledge capitalism*, Routledge, 2022, p. 178.
3. OCDE, *L'Économie fondée sur le savoir*, 1996.
4. Voir *supra*, p. 26.
5. Il est à noter que l'une des principales revues scientifiques consacrée à l'intégrité scientifique a pour titre « *Accountability in research* ».

2 / *Soft law* ou *hard law* ?

Depuis quelques années, il est devenu courant d'opposer le « droit dur » (*hard law*), constitué des normes issues du droit en vigueur (national ou international), le plus souvent codifié dans l'ordre juridique français (Code de la recherche ou Code de l'éducation), et le « droit souple » (*soft law*), constitué des normes ne relevant pas des autorités étatiques, telles que celles issues des communautés scientifiques. Sur fond de débats plus vastes sur l'avènement d'un droit souple [1], il est possible de distinguer l'un et l'autre par le caractère obligatoire qu'il conviendrait de leur reconnaître. Une règle relevant du « droit dur » peut-être invoquée par un justiciable devant une juridiction de l'ordre juridique étatique à l'appui d'une prétention et le juge est tenu d'apprécier cette prétention à la lumière de cette règle. Par contraste, les juges ne sont pas tenus d'apprécier les situations qui leur sont soumises à la lumière des règles de *soft law*, à supposer qu'elles soient invoquées devant eux. Si l'une et l'autre constituent des énoncés normatifs (elles expriment un devoir-être), seules les premières seraient des normes juridiques valables de l'ordre juridique français, appartenant au droit positif. Ainsi, alors que les normes de *soft law* constituent bien, empiriquement, des références mobilisées dans les actions des personnes concernées et peuvent recevoir des sanctions dans les mondes sociaux qui les ont vu naître (en ce sens, elles produisent des « effets [2] »), l'observation de ces règles, et l'éventuelle sanction de leur violation, n'est pas assurée par les juridictions établies par l'ordre juridique étatique.

Eu égard à la prégnance des règles élaborées par des scientifiques et leurs institutions, la déontologie de la recherche et

1. Conseil d'État, *Le Droit souple*, 2013 ; F. Osman, « Avis, directives, codes de bonne conduite, recommandations, déontologie, éthique, etc. : réflexion sur la dégradation des sources privées du droit », *RTD civ.* 1995, 509.

2. Sur la distinction entre force contraignante, effet juridique et effectivité, voir S. Gerry-Vernières, *Les « petites » sources du droit. À propos des sources étatiques non contraignantes*, Economica, 2012, p. 139 et s.

l'intégrité scientifique peuvent sembler une terre d'élection pour le droit souple. Dans ce domaine, des normes législatives et réglementaires assez peu nombreuses coexistent avec une grande variété de règles issues des professions scientifiques. Cette impression est renforcée par le fait que le décret n° 2021-1572 du 3 décembre 2021, aujourd'hui abrogé, a défini l'intégrité scientifique « comme l'ensemble *des règles et valeurs* qui doivent régir les activités de recherche pour en garantir le caractère honnête et scientifiquement rigoureux » (nous soulignons). La Charte déontologique du CNRS énonce quant à elle que « l'activité de recherche est régie par un ensemble *de règles et de valeurs* qui lui est propre » (nous soulignons). De même, le Guide que le Bureau fédéral des États-Unis pour l'intégrité scientifique consacre à la conduite responsable de la recherche [1] s'ouvre par l'énoncé de « valeurs partagées » par les scientifiques (honnêteté, précision, efficience, objectivité) : « Une recherche responsable est une recherche qui, au minimum, s'engage à respecter ces valeurs et d'autres valeurs importantes qui définissent ce qu'il faut entendre par intégrité scientifique » (p. 3). La référence *aux valeurs* qui doivent régir l'activité de recherche, aux côtés des règles, renforce le questionnement sur la juridicité de la déontologie [2].

Pourtant, dans bien des domaines, l'opposition entre « droit dur » et « droit souple » doit être nuancée. De multiples liaisons existent entre ces règles [3]. S'agissant de la déontologie de la recherche et de l'intégrité scientifique, ces

1. N. H. Steneck, *Introduction to the responsible conduct of research*, ORI, 2007.
2. J. Moret-Bailly, « Une déontologie commune ? », *in* I. de Lamberterie et E. Vergès (dir.), *Quel droit pour la recherche ?*, Litec, 2006, p. 181 ; A. Rouyère, « La déontologie des enseignants-chercheurs », *in* E. Mella (dir.), *L'Université et ses responsabilités*, LGDJ, 2016, p. 103 ; J. Moret-Bailly, D. Truchet, *Introduction à la déontologie*, *op. cit.*, p. 23 ; A. Robin, « Exploitation de l'innovation », *Cah. DST*, n° 14, 2022, p. 299.
3. R. Encinas de Muñagorri, « Les sources positives de la déontologie (à propos des avocats) », *RTD civ.*, 2007, p. 67 ; Y. Gaudemet, « De l'intérêt général à la déontologie (petites observations sur un grand sujet) », *Mélanges Truchet*, Dalloz, 2015, p. 225 ; J. Moret-Bailly, D. Truchet, *Introduction à la déontologie*, *op. cit.*, p. 97.

liaisons peuvent être repérées aussi bien dans les règles législatives et réglementaires que dans les chartes et codes de conduite adoptés par les scientifiques.

En premier lieu, une partie des règles déontologiques sont établies par des textes législatifs et réglementaires. L'intégrité scientifique des travaux de recherche est ainsi exigée par le Code de la recherche. De plus, les obligations déontologiques des chercheurs qui jouissent du statut d'agent public sont définies par le Code général de la fonction publique (auparavant par la loi n° 83-634 13 juillet 1983). Dans d'autres cas, les textes déontologiques sont intégrés dans le droit positif par un acte réglementaire. Tel est le cas pour les personnels enseignants et hospitaliers des centres hospitaliers et universitaires qui exercent une activité de soins, et qui sont à ce titre soumis aux règles déontologiques des professions médicales, et notamment au Code de déontologie médicale, qui prend la forme d'un décret en Conseil d'État intégré à la partie réglementaire du Code de la santé publique [1]. De même, la Charte de l'expertise sanitaire résulte d'un décret de 1993 [2]. Le Règlement européen 2021/695 établissant le programme-cadre Horizon Europe impose quant à lui aux entités de recherche financées de s'engager à respecter le Code de conduite européen pour l'intégrité en recherche [3] (art. 19). Enfin, il faut souligner que certains manquements à l'intégrité scientifique sont sanctionnés par le droit de l'État. Ainsi, le plagiat peut recevoir la qualification pénale de délit de contrefaçon [4]. De même, le harcèlement moral ou sexuel d'un directeur de thèse à l'égard d'un doctorant ou d'une doctorante constitue aussi bien une faute civile et pénale susceptible d'être sanctionnée par les tribunaux qu'une faute disciplinaire qui peut donner lieu à une sanction professionnelle.

En second lieu, et en sens inverse, certaines règles déontologiques élaborées par les scientifiques renvoient au droit de

---

1. J. Moret-Bailly, D. Truchet, *Droit des déontologies*, Puf, 2016, n° 378 et s.
2. Décret n° 2013-413 du 21 mai 2013.
3. ALLEA, *The European Code of conduct for research integrity*, 2023.
4. Voir *infra*, p. 229.

l'État. Ainsi, de nombreux chartes et codes de conduite font du respect du droit en vigueur une obligation déontologique pesant sur les scientifiques. Le Code européen du chercheur (2005) énonce que « les chercheurs à tous les niveaux doivent être au fait des réglementations nationales, sectorielles ou institutionnelles » régissant leur activité et s'y conformer. Ils doivent aussi « respecter les droits fondamentaux et observer les principes reconnus par la Charte des droits fondamentaux de l'Union européenne » (qui consacre notamment la liberté de la recherche scientifique). De même, la Charte française de déontologie des métiers de la recherche (2015) énonce que « tout chercheur se tient informé des dispositifs législatifs et réglementaires qui régissent les activités professionnelles et veille au respect des textes correspondants, s'agissant notamment des recherches sur l'être humain, l'animal et l'environnement » (§ 1), ainsi que des « règles relatives au cumul d'activités et de rémunérations en vigueur dans leur institution » (§ 6). Plus encore, une partie des obligations déontologiques des professions scientifiques reprend, dans une formulation éventuellement plus accessible [1], des obligations légales et réglementaires. Ainsi, la Charte déontologique du CNRS « a pour objet de rappeler les grands principes déontologiques que chaque agent public doit veiller à respecter » [en vertu de la loi]. De même, la Charte de déontologie et d'intégrité scientifique de l'ANR rappelle les principales obligations déontologiques applicables aux agents publics et retient parmi les « devoirs et principes déontologiques » la promotion de l'égalité entre les femmes et les hommes et le respect du principe de laïcité, tous deux imposés par la loi. Le Conseil suédois de la recherche va plus loin en présentant au sein de son guide de bonnes pratiques « les principaux textes législatifs et réglementaires [du droit suédois] que les chercheurs devraient connaître [2] ».

---

1. J. Moret-Bailly, D. Truchet, *Introduction à la déontologie*, *op. cit.*, p. 99.
2. Swedish Research Council, *Good Research Practice*, 2017 (en cours de révision) : « Key legislation and other regulation with which researchers should be familiar ».

Ainsi, dans le domaine de la déontologie de la recherche et de l'intégrité, « droit dur » et « droit souple » sont étroitement entremêlés. Cette situation peut présenter des inconvénients, notamment celui d'entretenir un manque de clarté. Elle a cependant le mérite d'une plus grande souplesse, les chartes et codes déontologiques ayant pour beaucoup d'entre eux déjà été révisés à plusieurs reprises [1] – une souplesse que n'offrent pas les actes législatifs et réglementaires.

À retenir

Les règles relatives à la déontologie de la recherche et à l'intégrité scientifique découlent aussi bien du droit de l'État, du droit de l'Union européenne et des conventions internationales que de textes élaborés au sein des communautés scientifiques. Une réglementation étatique coexiste avec des normes qui procèdent de l'autorégulation professionnelle.

Seules les règles issues de la réglementation étatique et des textes internationaux ont la qualité de norme juridique valable au sein d'un ordre juridique de référence. Ce n'est pas le cas, en principe, des normes établies au sein des communautés scientifiques, sous la forme de chartes et guides de bonnes pratiques.

Cependant, le fait que ces normes professionnelles ne constituent pas des normes juridiques n'empêche pas qu'elles puissent servir à apprécier la valeur des pratiques scientifiques au sein des communautés de recherche.

De plus, certaines normes professionnelles acquièrent la qualité de normes juridiques valables ou d'obligations juridiquement sanctionnées par le jeu des renvois qu'y font des actes législatifs ou réglementaires ou des conventions légalement formées.

1. Par exemple, le Code de conduite européen pour l'intégrité scientifique (ALLEA) a été adopté en 2011 et révisé en 2017 puis en 2023. De même, une troisième édition du Guide de bonnes pratiques du Conseil suédois de la recherche est en préparation.

CHAPITRE 2

AUTEURS

Les normes déontologiques de la recherche et les normes de l'intégrité scientifique procèdent d'une grande variété de sources.

1 / Droit national

En France, un engagement plus volontariste des pouvoirs publics dans l'intégrité scientifique se manifeste à partir du milieu des années 2010 [1]. En 2016, le secrétaire d'État chargé de l'enseignement supérieur et de la recherche, Thierry Mandon, confie au professeur de médecine Pierre Corvol la tâche d'analyser l'appropriation par les établissements d'enseignement et de recherche des questions d'intégrité scientifique. Le rapport Corvol [2] donne un coup d'accélérateur à la mise en place de mesures favorables à l'intégrité scientifique. L'état des lieux réalisé se double de propositions : prendre en compte l'intégrité scientifique dans l'attribution de financements de recherche et dans l'évaluation des institutions de recherche ; élaborer un cadre juridique national pour identifier et traiter les manquements à l'intégrité

1. O. Le Gall, « L'intégrité au service d'une science responsable », *in* O. Descamps, K. Lairedj, *L'Intégrité scientifique à l'aune du droit*, éd. Panthéon-Assas, 2021, p. 151.
2. P. Corvol, *Bilan et propositions de mise en œuvre de la Charte nationale d'intégrité scientifique*, 2016.

scientifique ; créer une structure nationale chargée de coordonner et de proposer des ressources sur ces questions (le nom d'« Office français pour l'intégrité scientifique » est alors proposé). Le rapport insiste également sur la conservation des données scientifiques et sur leur libre accès comme vecteurs d'intégrité scientifique.

Publiée peu après, une lettre circulaire du secrétaire d'État [1] demande aux établissements de recherche de mettre en œuvre certaines des mesures proposées par le rapport Corvol. Selon ce texte, « il est indispensable que se mette en place, au sein de chaque opérateur et au niveau national, une politique de l'intégrité scientifique qui aborde de front la sensibilisation, la formation, la prévention et le contrôle. Elle devra concerner l'ensemble des métiers de la recherche et des personnels, quels que soient leur statut et la nature de leurs activités. La mise en place du traitement des cas de manquement à l'intégrité scientifique et de sanctions adaptées est aussi indispensable. Elle devra s'inscrire dans la politique des opérateurs de recherche ». La lettre circulaire demande en outre à l'ensemble des opérateurs de recherche d'adhérer à la Charte de déontologie des métiers de la recherche (2015) et créé une Conférence des signataires de la Charte. Le texte affirme aussi que les dirigeants de ces établissements sont les « garants de l'intégrité scientifique ». À ce titre, ils doivent désigner un référent à l'intégrité scientifique (RIS) et mettre en place des procédures pour le traitement d'éventuels manquements. Concernant le financement de la recherche, la circulaire Mandon prévoit que l'Agence nationale de la recherche (ANR) conditionnera à terme l'attribution de financements à l'assurance que les opérateurs de recherche ont adopté une politique d'éthique et d'intégrité scientifique. Enfin, le secrétaire d'État propose au Haut Conseil de l'évaluation de la recherche et de l'enseignement supérieur (Hcéres), autorité administrative indépendante, de créer auprès de son président

1. Circ. n° 2017-40 du 15 mars 2017.

une structure transversale dédiée, « l'Office français de l'intégrité scientifique » (OFIS), chargé d'un rôle d'observatoire et de référence pour toutes les questions relatives à l'intégrité scientifique, d'accompagner les opérateurs de recherche et le réseau des référents à l'intégrité scientifique, de faire le lien avec les institutions homologues à l'étranger.

Suite à cette circulaire, l'Office français de l'intégrité scientifique (OFIS) est créé et est établi comme un département du Hcéres (aujourd'hui prévu à l'article R. 114-12 du Code de la recherche). L'OFIS et son Conseil d'orientation, le Conseil français de l'intégrité scientifique (CoFIS), contribuent à l'élaboration d'un cadre d'analyse partagé sur l'intégrité scientifique et à la structuration de règles juridiques adaptées [1]. L'arrêté du 25 mai 2016 fixant le cadre national de la formation et les modalités conduisant à la délivrance du diplôme national de doctorat est également modifié pour prévoir que, désormais, les écoles doctorales « veillent à ce que chaque doctorant reçoive une formation à l'éthique de la recherche et à l'intégrité scientifique [2] ».

L'adoption de la loi n° 2020-1674 du 24 décembre 2020 et de son décret d'application du 3 décembre 2021 donne une nouvelle impulsion à la mise en place d'un cadre juridique de l'intégrité scientifique en France. La loi énonce que « les travaux de recherche, notamment l'ensemble des activités de la recherche publique contribuant à ses objectifs mentionnés à l'article L. 112-1, respectent les exigences de l'intégrité scientifique visant à garantir leur caractère honnête et scientifiquement rigoureux et à consolider le lien de confiance avec la société. L'intégrité scientifique contribue à garantir l'impartialité des recherches et l'objectivité de leurs résultats » (C. rech., art. L. 211-2). La loi conforte aussi le rôle du

---

1. CoFIS, *Vade-mecum pour le traitement des manquements à l'intégrité scientifique, à l'usage des chefs d'établissements*, 2019.
2. Arrêté du 25 mai 2016 fixant le cadre national de la formation et les modalités conduisant à la délivrance du diplôme national de doctorat, modifié par l'arrêté du 26 août 2022 (art. 3, 4°).

Hcéres dans la définition d'une politique nationale de l'intégrité scientifique et sa mise en œuvre dans les établissements d'enseignement supérieur et de recherche (C. rech., art. L. 114-3-1 et R. 144-1). La loi impose aux établissements publics contribuant au service public de la recherche et aux fondations reconnues d'utilité publique ayant pour activité principale la recherche publique de veiller au respect des exigences de l'intégrité scientifique pour les activités et travaux menés en leur sein en mettant en place des « dispositifs nécessaires pour promouvoir les valeurs de l'intégrité scientifique et favoriser le respect de ses exigences » (C. rech., art L. 211-2). Enfin, la loi rend obligatoire la prestation d'un serment à l'issue de la soutenance d'une thèse de doctorat de « respecter les principes et les exigences de l'intégrité scientifique » (C. éduc., art. L. 612-7)[1]. L'adoption, longtemps attendue, de la partie réglementaire du Code de la recherche par le décret n° 2023-1321 du 27 décembre 2023, entré en vigueur le 1er janvier 2024, a conduit à l'abrogation d'un grand nombre de dispositions réglementaires, parmi lesquelles celles issues du décret n° 2021-1572 du 3 décembre 2021. La plupart de ses dispositions sont reprises dans la partie réglementaire du Code de la recherche, à l'exception notable de la définition de l'intégrité scientifique[2], qui est purement et simplement supprimée. Cette codification conçue comme « à droit constant » s'est aussi accompagnée de la reformulation de plusieurs dispositions, tenant compte de la mise en place progressive d'institutions chargées de l'intégrité scientifique dans les établissements d'enseignement supérieur et de recherche.

1. Voir *infra*, p. 178.

2. Selon le décret n° 2021-1572 du 3 décembre 2021, l'intégrité scientifique devait être entendue comme « l'ensemble des règles et valeurs qui doivent régir les activités de recherche pour en garantir le caractère honnête et scientifiquement rigoureux ».

2 / Droit international et européen

La législation nationale relative à la déontologie de la recherche et à l'intégrité s'inscrit dans une relation de complémentarité avec des textes relevant du droit international ou du droit de l'Union européenne, ou encore élaborés par des organisations internationales [1].

Certains de ces textes s'imposent dans l'ordre juridique français, en particulier ceux issus du droit de l'Union européenne [2]. Ainsi, la Charte des droits fondamentaux de l'Union énonce que « les arts et la recherche scientifique sont libres. La liberté académique est respectée » (art. 13). Plus spécifiquement, le droit de l'Union exige que les chercheurs respectent l'intégrité scientifique. Ainsi les conventions passées dans le cadre du programme-cadre Horizon Europe imposent le respect des principes et règles énoncés dans le Code de conduite européen pour l'intégrité scientifique (ALLEA, 2023) [3]. Sur un plan plus programmatique, les instruments de pilotage de la politique de recherche européenne [4] mettent en exergue certains « principes et valeurs communs », comme l'éthique et l'intégrité scientifique [5], la liberté de la recherche scientifique, l'égalité entre les hommes et les femmes et l'accès égal aux opportunités. La Commission affirme ainsi que « la liberté académique, l'intégrité et l'autonomie institutionnelle constituent l'épine dorsale des universités et des établissements d'enseignement supérieur

1. C. Noiville, « Quelles sources de régulation juridique de la recherche scientifique : droit national ou international ? », *in* I. de Lamberterie et E. Vergès (dir.), *Quel droit pour la recherche ?*, Litec, 2006, p. 65.

2. M. Kritikos, « Research ethics governance », *in* R. Iphofen (eds), *Handbook of research ethics and scientific integrity*, *op. cit.*, p. 33.

3. Règlement UE 2021/695 du 28 avril 2021, art. 19.

4. Commission européenne, *L'Approche mondiale de la recherche et de l'innovation. La stratégie de coopération internationale de l'Europe dans un monde en mutation*, COM(2021) 252 final, 18 mai 2021.

5. Council recommendation of a Pact for Research and Innocation in Europe, 19 nov. 2021 (13701/21).

dans l'Union européenne [1] ». Ces orientations ont été réaffirmées au cours de la présidence française de l'Union dans la « Déclaration de Marseille relative à la coopération internationale en matière de recherche et d'innovation » (mars 2022), destinée à orienter les discussions avec les partenaires scientifiques de l'Union : « L'Union européenne et ses États membres s'engagent à prendre en compte les préoccupations éthiques dans la collaboration scientifique et universitaire internationale, entre autres lorsque les travaux de recherche portent sur des sujets concernant l'humain, l'expérimentation animale ou l'environnement » [§ 7 (b)]. En 2021, 27,1 % des publications issues de pays de l'OCDE étaient le fruit de coopérations internationales, contre 18,6 % en 2007 [2].

Sur un autre registre, des organisations internationales ont adopté des déclarations ou recommandations destinées à orienter l'action des États dans le domaine de l'activité scientifique. Ainsi, la Recommandation de l'Unesco de 1974 concernant la condition des chercheurs scientifiques insiste sur « le désintéressement et l'intégrité intellectuelle » comme des qualités et aptitudes d'esprit personnelles des scientifiques. La révision de cette recommandation en 2017 n'apporte pas de changement important sur ce point : le texte évoque désormais « l'intégrité intellectuelle, la vigilance à l'égard des conflits d'intérêts, le respect des principes éthiques en matière de recherche [3] ». « L'intégrité » est également mentionnée dans plusieurs Déclarations de l'Unesco : sur le génome humain (1997), les données génétiques humaines (2003), la bioéthique et les droits de l'homme (2005). L'OCDE s'est elle aussi saisie des questions d'intégrité scientifique. En son sein, le Global Science Forum a élaboré un

1. COM(2021) 252 final, préc.
2. *Science, technologie et innovation: Tableau de bord de l'OCDE*, 2023.
3. 39 C/73 Annexe III, 11 nov. 2017. Voir C. Byk, « La révision de la recommandation de 1974 concernant la condition des chercheurs scientifiques », *Journal de médecine légale, droit médical, victimologie, dommage corporel*, vol. 60, n° 1, 2017, p. 26.

Guide des bonnes pratiques pour garantir l'intégrité scientifique et prévenir les méconduites[1] (2007), qui expose les enjeux associés à l'intégrité scientifique et une palette de modalités de gestion des manquements qui peuvent guider les États membres de l'organisation internationale. Attentive aux conditions réelles dans lesquelles se déroulent les recherches, l'OCDE a prolongé ces premières réflexions par des rapports sur les manquements à l'intégrité dans le cadre de collaborations internationales[2] et sur la conciliation de l'intégrité scientifique avec les impératifs de sécurité nationale et de souveraineté économique[3].

Sur un versant plus opérationnel, les organisations internationales élaborent également des codes de conduite ou de bonnes pratiques en recherche. Certains régissent les activités de ces organisations elles-mêmes : Organisation mondiale de la santé[4], Coopération économique pour l'Asie-Pacifique[5]... D'autres s'adressent aux chercheurs des pays concernés. Au sein de l'Union européenne, en lien avec la création en 2000 de l'Espace européen de la recherche, la Commission a publié en 2005 une « Charte européenne du chercheur », ainsi qu'un « Code de conduite pour le recrutement des chercheurs ». Tournés vers la mise en place d'un marché du travail attractif pour les chercheurs en Europe, ces textes énoncent que « les chercheurs doivent adhérer aux pratiques éthiques reconnues et aux principes éthiques fondamentaux de mise dans leur(s) discipline(s), ainsi qu'aux normes éthiques étayées par les différents codes d'éthique nationaux, sectoriels ou institutionnels[6] ».

1. OCDE, Global Science Forum, Best Practices for ensuring scientific integrity and preventing misconduct, 2007.
2. OCDE, Global Science Forum, *Coordinating Committee for facilitating international research misconduct investigations*, 2009.
3. OCDE, Committee on Scientific and Technological Policy, *Integrity and Security in the global research ecosystem*, 2022.
4. OMS, *Code de conduite pour une recherche responsable*, 2017.
5. APEC, *APEC Guiding Principles for research integrity*, 2022.
6. *Charte européenne du chercheur*, 2005.

3 / Institutions spécialisées

Les institutions chargées d'organiser la recherche sont à l'origine d'un grand nombre de textes, sous des dénominations variées.

1. Organismes de financement de la recherche

C'est d'abord au sein des organismes de financement public de la recherche que des règles relatives à l'intégrité scientifique ont été mises en place. Les fraudes scientifiques constituant des usages inappropriés des fonds publics, les organismes chargés d'allouer des financements de recherche sur contrat ont imposé aux chercheurs et aux institutions destinataires de ces financements de respecter l'intégrité scientifique, voire de mettre en place en leur sein une véritable politique d'intégrité scientifique. Dès la fin des années 1980, aux États-Unis, les principales agences de financement de la recherche et les universités se dotent de règles dans ce domaine, qui s'imposent aux chercheurs et aux institutions bénéficiaires de leurs financements [1]. En 1989, le *Public Health Service* étasunien crée deux bureaux chargés de recevoir et d'instruire les signalements de manquements à l'intégrité scientifique, fusionnés en 1992 dans une entité indépendante, l'*Office of research integrity* (ORI) [2]. L'ORI voit ses fonctions progressivement recentrées sur la formation à l'intégrité scientifique et la prévention des méconduites et est doté d'un rôle de coordination dans ce domaine. L'ORI

1. National Science Foundation (NSF 1987, 2002), National Institutes for Health, « Responsibilities of awardee and applicant institutions for dealing with and reporting possible misconduct in science, 42 CFR Part 50, Subpart A », *Federal Register* 54 (151), 1989, p. 32446 (aujourd'hui : US Department of Health and Human Services, Public Health Service Policies on Research Misconduct ; Final Rule, 42 CFR Parts 50 & 93, *Federal Register*, vol. 70, n° 94, 2005, p. 28370).
2. A.R. Price, « Research misconduct and its federal regulation : the origin and history of the office of research integrity », *Account Res*, vol. 20, n° 5-6, 2013 p. 291.

évalue les investigations réalisées par les institutions bénéficiaires de financements de recherche et formule des recommandations sur les suites qui doivent être données à ces instructions par l'autorité chargée de sanctionner les manquements. Ainsi, aux États-Unis, le bénéfice de financements publics dans le domaine de la recherche biomédicale ou sur le comportement humain est réservé aux institutions qui ont mis en place une politique détaillée d'intégrité scientifique vérifiée par l'ORI [1]. De nombreux organismes de financement sur contrat de la recherche publique ont adopté des dispositions analogues et conditionnent la réception de fonds de recherche au respect de la déontologie de la recherche et de l'intégrité scientifique [2]. Les agences de financement des États-Unis (*National Science Foundation*, *National Institutes of Health*) ont également promu dans les années 1970 la relecture par les pairs (*peer review*) comme un moyen de renforcer la qualité des projets de recherches financés et des publications qui en sont issues [3]. Ainsi, les *National Institutes of Health* interdisent le recours aux intelligences artificielles génératives dans les procédures de *peer review* [4].

En France, l'Agence nationale de la recherche (ANR) a élaboré une Charte de déontologie et d'intégrité scientifique [5] qui « exprime le sens général, les principes et les règles d'action et de comportement que l'ensemble de l'ANR, ses collaboratrices et collaborateurs internes et externes, ses administrateurs ainsi que les déposants, leurs partenaires éventuels et les bénéficiaires des aides de l'ANR s'engagent à

1. 42 CFR Parts 50 & 93, § 93.301 et s.
2. Ex. : Allemagne : DGF, *Guidelines for safeguarding good research practice. Code of conduct*, 2022 ; Pays-Bas : NWO Grant Rules, 2019 ; Fonds de recherche du Québec, *Politique sur la conduite responsable en recherche*, 2022.
3. L. Daston, *Rivals. How scientists learned to cooperate*, Columbia Global Reports, 2023, p. 112.
4. *The Use of generative artificial intelligence technologies is prohibited for the NIH peer review process*, NOT-OD-23-149, 2023.
5. Cette Charte de déontologie et d'intégrité scientifique (2019) remplace la Charte de déontologie adoptée en 2009 destinée aux collaborateurs de l'ANR et non aux bénéficiaires de ses financements.

respecter dans les travaux qu'ils mènent ou exercent pour celle-ci, ou qu'ils réalisent avec son concours financier ». Dans le cadre des programmes-cadres de l'Union européenne pour la recherche et l'innovation, le droit de l'Union prévoit également que les bénéficiaires de financements européens doivent respecter « les principes éthiques [de la recherche] (y compris les standards les plus élevés d'intégrité scientifique) [1] ».

2. *Établissements d'enseignement et de recherche et organismes de recherche*

Les universités et établissements de recherche se sont dotés de chartes déontologiques et éthiques. En France, en 2008, l'INSERM crée un groupe de travail sur l'intégrité scientifique dans la recherche biomédicale [2]. En 2015, huit organismes de recherche élaborent une Charte nationale de déontologie des métiers de la recherche (devenue en 2019 « Charte française de déontologie des métiers de la recherche »), à laquelle adhèreront par la suite de nombreux autres organismes et universités [3]. Elle est déclinée localement par de nombreux organismes de recherche et universités qui se dotent de chartes précisant, selon les cas, les principes de l'intégrité scientifique, des règles déontologiques, des principes éthiques [4].

---

1. Règlement (UE) n° 1291/2013 du 11 décembre 2013 (Horizon 2020) ; *Annotated Model Grant Agreement*, 2019, art. 34. 1 ; Règlement (UE) 2021/695 du 28 avril 2021 (Horizon Europe), art. 19 ; *Model Grant Agreement*, 2021, art. 14.
2. INSERM, « Recommandations du groupe de travail de la Mission de réflexion sur l'intégrité scientifique », *INSERM Actualités*, n° 162, 1998, p. 1.
3. Les huit organismes et groupements à l'origine de cette charte sont les suivants : Conférence des présidents d'université (CPU, devenue France Universités), INRA, INSERM, CNRS, Cirad, Institut national de recherche en informatique et en automatique (INRIA), IRD, Institut Curie. En 2019, le nombre d'organismes signataires s'élevait à quarante-six, parmi lesquels des universités, des écoles, l'ANR, et des organismes de recherche.
4. Ex. : Charte d'éthique et de déontologie de l'IRSN, 2013 ; Charte de déontologie du Cirad, 2017 ; Charte déontologique en matière d'activité de recherche et de valorisation de l'Université de Bordeaux, 2017 ; Charte déontologique du CNRS, 2018 ; Charte de déontologie, d'intégrité scientifique et d'éthique de l'INRAE...

3. *Institutions chargées de la déontologie et de l'intégrité scientifique*

Dans plusieurs pays, les institutions mises en place pour coordonner les réflexions dans le domaine de l'intégrité scientifique, et parfois pour instruire les manquements, ont élaboré des textes précisant les contours de l'intégrité scientifique et les bonnes pratiques professionnelles devant être suivies par les scientifiques. Ainsi, aux États-Unis, l'*Office of research integrity* a publié dès 1995 un modèle de procédure qui décline l'ensemble des bonnes pratiques relatives à l'intégrité scientifique et au traitement des allégations de méconduites scientifiques [1].

A / Office français de l'intégrité scientifique

En France, depuis sa création en 2017, l'Office français de l'intégrité scientifique (OFIS) constitue un département du Haut Conseil de l'évaluation de la recherche et de l'enseignement supérieur (Hcéres). L'OFIS est chargé par la loi de « contribuer à la définition d'une politique nationale de l'intégrité scientifique et de favoriser l'harmonisation et la mutualisation des pratiques des établissements d'enseignement supérieur et de recherche dans ce domaine » (C. rech., art. L. 114-3-1 et R. 114-1). À cette fin, il recevra tous les deux ans un rapport des institutions de recherche sur les actions qu'elles ont entreprises en vue de favoriser l'intégrité scientifique (C. rech., art. L. 211-2). Le Hcéres est également tenu de prendre ces actions en compte lorsqu'il évalue les établissements ou lorsqu'il valide les procédures que ceux-ci mettent en place (C. rech., art. D. 114-2). L'OFIS publie sur son site des synthèses réglementaires et conceptuelles sur l'intégrité scientifique. Il coordonne le Réseau des référents à l'intégrité scientifique (RESINT). Par les activités qu'il anime, par les notes et avis qu'il émet, l'OFIS contribue à établir ou préciser les règles et pratiques de l'intégrité en France.

1. ORI, *Model Policy for responding to allegations of scientific misconduct*, 1995.

B / Réseau des référents à l'intégrité scientifique

Souhaitée par le rapport Corvol (2016) et demandée par la circulaire Mandon (2017), la mise en place de référents à l'intégrité scientifique (RIS) au sein des universités et des organismes de recherche est devenue obligatoire depuis l'entrée en vigueur du décret n° 2021-1572 du 3 décembre 2021 (disposition aujourd'hui recueillie à l'article D. 211-3 du Code de la recherche). Les établissements publics et fondations reconnues d'utilité publique ayant pour activité principale la recherche publique doivent mettre en place en leur sein un référent à l'intégrité scientifique avec la triple mission de participer à la définition des politiques de respect des exigences de l'intégrité scientifique, coordonner les actions de formation, mettre en place des dispositifs de prévention et de traitement des manquements à l'intégrité scientifique [1].

Dans de nombreux établissements, les référents nommés ont été confrontés à l'absence de modèle pour guider leur action. Disposant d'une grande marge de manœuvre pour la mise en œuvre des politiques d'intégrité, les référents ont contribué à l'émergence de procédures et manières de faire, qui ont évolué par les échanges entretenus entre eux à mesure qu'ils étaient confrontés à de nouveaux cas. D'abord informel, puis plus récemment formalisé sous forme d'une association, le Réseau français des référents à l'intégrité scientifique (RESINT) a joué un rôle important dans le partage d'informations et de pratiques entre les référents des établissements. Le RESINT a également élaboré un guide de bonnes pratiques et un manuel de procédures à destination de ses membres précisant de nombreux aspects procéduraux et substantiels pour le traitement des manquements à l'intégrité scientifique [2]. Un Réseau européen

1. Voir *infra*, p. 192.

2. RESINT, *Guide pour le recueil et le traitement des signalements relatifs à l'intégrité scientifique*, 2018 ; RESINT, *Traitement des signalements relatifs à*

des référents à l'intégrité scientifique (ENRIO) assure également la circulation d'informations pertinentes et favorise un partage des pratiques entre ses membres. L'ENRIO formule lui aussi des recommandations [1].

C / Référents déontologues

Depuis 2016, tout agent public a le droit de consulter un référent déontologue, « chargé de lui apporter tout conseil utile au respect des obligations et des principes déontologiques » (CGFP, art. 124-2). Les règles déontologiques concernées sont celles visées dans trois chapitres du Code général de la fonction publique, respectivement consacrés aux obligations déontologiques générales, aux règles de cumul d'activités et aux règles relatives aux conflits d'intérêts. Dans ce dernier cas, le référent « apporte, le cas échéant, aux personnes intéressées tous conseils de nature à faire cesser ce conflit [2] ». Cette fonction de conseil s'exerce sans préjudice de la responsabilité et des prérogatives du chef de service (CGFP, art. 124-2).

Ainsi les établissements d'enseignement et de recherche publics sont-ils tenus de désigner un référent déontologue, dont la fonction ne se confond pas avec celle du référent à l'intégrité scientifique [3] (mais qui peut être cumulée avec la fonction de référent lancement d'alerte [4]). Le référent déontologue est tenu au secret et à la discrétion professionnels [5]. La fonction de déontologue peut être assurée par une personne seule ou par un organe collégial. Les établissements d'enseignement supérieur et de recherche ont eu recours à l'une ou l'autre de ces formules [6].

---

l'intégrité scientifique : manuel de procédures, 2023 [ci-après « *Manuel de procédures* »].

1. Ex. : ENRIO, *Recommendations for the investigation of research misconduct*, 2019 ; ENRIO, *Handbook on whistleblower protection in research*, 2023.
2. Décret n° 2017-519 du 10 avril 2017, art. 8.
3. Voir *infra*, p. 192.
4. Voir *infra*, p. 196.
5. Décret n° 2017-519 du 10 avril 2017, art. 7.
6. Le collège de déontologie du ministère chargé de l'Enseignement supérieur et de la Recherche recommande de recourir aux formules collégiales afin de rompre l'isolement des référents déontologues (avis 15 sept. 2023).

Les agents publics ne sont pas tenus de suivre les conseils prodigués par le référent déontologue. Celui-ci joue cependant un rôle important pour dessiner les contours des obligations déontologiques des scientifiques agents publics.

D / Collège de déontologie du ministère chargé de l'Enseignement supérieur et de la Recherche

Le ministère chargé de l'Enseignement supérieur et de la Recherche a fait le choix de désigner un collège de déontologie composé de huit membres [1]. Celui-ci est compétent pour les agents du ministère et les établissements publics placés sous sa tutelle.

Ses missions s'étendent au-delà du conseil des agents dans des situations individuelles. Le collège de déontologie contribue aussi à l'établissement de règles générales relatives à la déontologie de la recherche et à l'intégrité scientifique. L'arrêté constitutif du collège de déontologie lui confie les missions de rendre des avis sur les questions d'ordre général posées par l'application des obligations et des principes déontologiques ; répondre aux questions posées par les référents déontologues des établissements lorsqu'ils sont confrontés à des difficultés particulières dans le traitement d'un dossier ; mener une réflexion, à la demande du ministre, concernant les questions et principes déontologiques ; formuler des propositions pour assurer la promotion de tels principes et renforcer la prévention de toute situation de conflits d'intérêts. Plusieurs avis ont été rendus sur des questions intéressant la déontologie de la recherche et l'intégrité scientifique, telles que les libertés académiques [2], les conflits d'intérêts [3],

1. Arrêté du 1er mars 2018 relatif au collège de déontologie au sein du ministère chargé de l'Enseignement supérieur et de la Recherche.
2. Avis du 21 mai 2021 relatif aux libertés académiques.
3. Avis du 14 déc. 2020 relatif à la transparence des intérêts portés par certains enseignants-chercheurs à l'occasion d'une publication et à la prévention des risques de conflits d'intérêts.

l'expression publique des chercheurs [1] ou les procédures de recrutement et de promotion [2].

4 / Communautés scientifiques

Une partie importante des règles relatives à la déontologie de la recherche et à l'intégrité scientifique est élaborée au sein des institutions de la communauté scientifique, entendues ici largement.

1. Sociétés savantes, académies, universités

Aux États-Unis, une réflexion collective s'est amorcée dès les années 1980 au sein de sociétés savantes sur la promotion de l'intégrité scientifique [3]. Dans ce pays, les Académies des sciences ont joué un rôle important, aussi bien dans la formation des scientifiques à l'intégrité scientifique [4] que dans la réflexion sur les enjeux de l'intégrité et le traitement des manquements [5]. Les Académies de certains pays européens ont également accompagné la rédaction de codes d'intégrité scientifique, seules ou en collaboration avec

1. Avis du 17 février 2023 relatif à l'expression publique des chercheurs.
2. Avis du 14 déc. 2018 relatif aux principes de nature à renforcer l'impartialité des membres des comités de sélection des enseignants-chercheurs de statut universitaire ; Avis du 13 déc. 2019 relatif au processus de sélection des membres de l'Institut universitaire de France ; Avis du 16 déc. 2022 relatif à la Mission externe « Impartialité dans les processus de promotion scientifique interne de l'INRIA ».
3. Ainsi, la société savante Sigma Xi, fondée en 1886, publie en 1983 une réflexion sur son rôle en la matière : « Honor in Science : possible roles for Sigma Xi in regard to scientific fraud, irresponsible authorship, and "publish or perish" », *American Scientist*, vol. 71, n° 5, 1983, p. 462. Pour une vue d'ensemble : R. Hastings *et al.*, « Guidance on research integrity provided by pan-European discipline-specific learned societies : a scoping review », *Science and Public Policy*, vol. 50, 2023, p. 318.
4. NASEM, *On being a scientist. A guide to responsible conduct in research*, 3e éd., The National Academies Press, 2010.
5. NASEM, *Responsible science. Ensuring the integrity of the research process*, vol. 1, National Academy Press, 1992.

d'autres institutions, comme par exemple aux Pays-Bas [1] ou en Suisse [2].

En Europe, le « Mémorandum sur l'intégrité scientifique » [3] (2003) rédigé par les Académies des sciences réunies (ALLEA) a encouragé les institutions de recherche à promouvoir les meilleurs standards de conduite de la recherche. Cette initiative a été suivie, en 2008, par l'élaboration du rapport de la Fondation européenne pour la science (*European science foundation* : ESF) destiné à promouvoir des bonnes pratiques de recherche en Europe [4] puis par l'adoption, en 2011, d'un Code de conduite européen pour l'intégrité scientifique [5], à l'initiative de l'ALLEA et de l'ESF. Ce Code de conduite européen a été révisé en 2017, puis en 2023. Ce texte fait aujourd'hui référence et plusieurs textes du droit positif et de nombreux codes de conduite nationaux renvoient à ses dispositions.

À ces initiatives des Académies des sciences s'ajoutent celles prises par divers groupements d'universités en faveur de l'intégrité scientifique. Ainsi, le Réseau européen pour l'intégrité scientifique a produit à l'intention de ses membres un vaste matériau relatif à l'intégrité scientifique intégrant un glossaire partagé, des supports pédagogiques ainsi que des guides de bonnes pratiques [6]. De même, des groupes de recherche comme l'Institut international de recherche et d'action sur la fraude et le plagiat académiques (IRAFPA) animent des rencontres régulières entre les communautés académiques et les praticiens intéressés.

---

1. *Netherlands Code of conduct for research integrity* (2018).
2. *Code d'intégrité scientifique* (2021).
3. ALLEA, *Memorandum on scientific integrity*, 2003.
4. ESF, *Stewards of integrity. Institutional approaches to promote and safeguard good research practice in Europe*, 2008.
5. ALLEA, *The European Code of conduct for research integrity*, [2011, 2017] 2023.
6. European Network for Academic Integrity, *General Guidelines for academic integrity*, 2019.

2. Conférences mondiales sur l'intégrité scientifique

Les Conférences scientifiques mondiales sur l'intégrité scientifique (*World Conferences on research integrity* (WCRI) ont également été l'occasion, en parallèle des discussions scientifiques proprement dites, d'élaborer plusieurs Déclarations issues de groupes de travail composés de scientifiques. Lors de la deuxième Conférence mondiale en 2010 à Singapour est adoptée une « Déclaration sur l'intégrité scientifique [1] », qui sera suivie par une Déclaration relative au traitement de l'intégrité dans les coopérations scientifiques internationales [2] et par une Déclaration sur le partage équitable de la recherche et de ses résultats [3].

3. Revues scientifiques

La palette des manquements à l'intégrité scientifique en lien avec les publications scientifiques est large et les revues scientifiques ont depuis longtemps reconnu leur responsabilité dans le respect des bonnes pratiques scientifiques [4]. Le processus de révision des articles par les pairs (*peer review*) qu'elles organisent doit en effet permettre de détecter d'éventuelles fraudes dans les articles qui leur sont soumis. De plus, elles ont la possibilité de rétracter des articles qui se révèleraient entachés de manquements à l'intégrité scientifique. On doit se garder ici d'une vision trop optimiste, la révision par les pairs ne permettant pas toujours de détecter les fraudes, et les revues se montrant parfois réticentes à rétracter les articles qui leur sont signalés comme frauduleux [5].

---

1. WCRI, *Singapore Statement on research integrity*, 2010.
2. WCRI, *Montreal Statement on research integrity in cross-boundary research collaborations*, 2013.
3. WCRI, *The Cape Town Statement on fostering research integrity through fairness and equity*, 2022.
4. A. Caelleigh, « Role of the journal editor in sustaining integrity in research », *Academic Medicine*, vol. 68, n° 9, 1993, s23 ; N. Hilbeach, I. Freckelton, B.W. Mol, « Journal editors and publishers' legal obligations with respect to medical research misconduct », *Res Ethics*, vol. 19, n° 2, 2022, p. 107.
5. Voir *infra*, p. 209.

La plupart des revues scientifiques exigent des auteurs qui soumettent un article de respecter certaines exigences relatives à l'intégrité scientifique [1] : les données ne doivent pas être déjà publiées ailleurs (« règle d'Ingelfinger »), les emprunts à d'autres auteurs doivent être correctement référencés, les données ne doivent pas être manipulées ou fabriquées, toute personne ayant contribué en qualité d'auteur à l'article doit être créditée, etc. Des règles particulières ont également été édictées en ce qui concerne l'utilisation des images dans les publications scientifiques [2]. Des règles analogues sont également élaborées à destination des éditeurs des revues et des relecteurs qui participent à la relecture par les pairs.

La mise en œuvre de ces règles en situation confronte les éditeurs de revues à la nécessité d'apprécier au cas par cas ce qui constitue un manquement à l'intégrité scientifique et de décider les réactions appropriées. Un *Committee on publication ethics* (COPE) a été fondé en 1997 par des responsables de revues médicales pour échanger sur les difficultés rencontrées et les solutions à mettre en œuvre. Ce comité a connu un développement remarquable et compte aujourd'hui plus de 14 000 revues partenaires, dans un grand nombre de domaines scientifiques. Des cas anonymisés sont mis en discussion sur le forum du COPE, permettant l'émergence et la stabilisation de règles éthiques partagées. Le travail d'éthique pratique réalisé au sein du COPE [3] a conduit à l'élaboration d'un grand nombre de guides éthiques relatifs à la publication

1. Ex. : Sage : https://us.sagepub.com/en-us/nam/ethics-responsibility ; Taylor & Francis : https://authorservices.taylorandfrancis.com/publishing-your-research/writing-your-paper/ethics-for-journal-authors/ ; Nature : https://www.nature.com/nature-portfolio/editorial-policies ; Springer : https://www.springer.com/gp/editorial-policies/ethical-responsibilities-of-authors.

2. Ex. : Sage (Image integrity) : https://us-sagepub-com/en-us/nam/manuscript-submission-guidelines ; STM, *Recommendations for handling image integrity issues*, 2021.

3. M. A. Jacob, « Under repair : a publication ethics and research record in the making », *Soc Stud Sci*, vol. 49, n° 1, 2019, p. 77.

scientifique qui sont très largement diffusés au sein des communautés de recherche internationales [1].

De manière analogue, dans les sciences médicales, les difficultés rencontrées par les revues quant à l'attribution de la qualité d'auteur des textes qu'elles publient ont conduit l'*International Committee of medical journal editors* (ICMJE) à formuler des recommandations afin que la contribution de chaque auteur, quelle que soit sa nature, soit correctement créditée [2]. Les recommandations de l'ICMJE font aujourd'hui l'objet d'un document récapitulatif abordant l'ensemble de la chaîne de publication dans les revues médicales [3]. Ces recommandations sont imposées par les principales revues médicales aux auteurs soumettant des articles [4].

1. Ex. COPE, *Ethics toolkit for a successful editorial office*, 2022 ; COPE, *Directory of Open Access Journals* (DOAJ), Open Access Scholarly Publishing Association (OASPA), World Association of Medical Editors, *Principles of transparency and best practice in scholarly publishing*, 2022 ; *COPE Guidelines : editing peer reviews*, 2021 ; *COPE Guidelines : editorial board participation*, 2021.
2. Voir *infra*, p. 126 et s.
3. ICMJE, *Recommendations for the conduct, reporting, editing, and publication of scholarly work in medical journals*, 2023. Voir aussi : Haute Autorité de santé, *Bonnes pratiques et critères de qualité des revues et journaux de la presse médicale française*, 2013.
4. *British Medical Journal* : « All submissions to the BMJ must conform to the International Committee of medical journal editors uniform requirements for manuscripts submitted to biomedical journals » (https://www.bmj.com/about-bmj/resources-authors/forms-policies-and-checklists) ; *The Lancet* : « Designated authors should meet all four criteria for authorship in the ICMJE recommendations » (https://www.thelancet.com/pb/assets/raw/Lancet/authors/tl-info-for-authors.pdf).

À retenir

Les règles relatives à la déontologie de la recherche et à l'intégrité scientifique procèdent de sources diversifiées.

En France, l'intégrité scientifique fait l'objet d'une politique publique depuis le milieu des années 2010, marquée par la remise du rapport Corvol (2016) et la publication de la circulaire Mandon (2017). L'intégrité scientifique a été intégrée au Code de la recherche en 2020.

L'intégrité scientifique fait l'objet de conventions ou déclarations au sein d'organisations internationales. Le droit de l'Union lui donne une place importante dans le cadre du programme-cadre Horizon Europe.

De nombreuses institutions qui organisent la communauté scientifique ont élaboré des guides et recommandations relatives à l'intégrité scientifique : institutions chargées d'allouer des financements publics à la recherche, académies des sciences, sociétés savantes, universités.

D'autres règles ont été élaborées par des institutions confrontées à des cas de fraude scientifique dans le cadre de leur activité. C'est le cas, en particulier, des référents chargés de l'intégrité scientifique dans les établissements d'enseignement et de recherche et des revues scientifiques. Les règles applicables se précisent ainsi à mesure que des cas de méconduite scientifique se présentent.

DEUXIÈME PARTIE

RÈGLES

Les normes déontologiques de la recherche reflètent la diversité des activités confiées aux personnels de recherche. Si ces normes concernent très largement l'intégrité scientifique, cette dernière n'est pas seule visée. La Charte européenne du chercheur (2005) indique tenir compte « des rôles multiples des chercheurs, qui sont engagés non seulement pour mener des travaux de recherche et/ou pour effectuer des activités de développement, mais interviennent également comme directeurs de thèse/stage ou mentors ainsi que dans la gestion ou les tâches administratives ». On envisagera donc ici les activités professionnelles des chercheurs dans leur diversité. Après avoir exposé les principes généraux qui sous-tendent la déontologie de la recherche et l'intégrité scientifique, on envisagera les normes qui concernent les activités de recherche, d'évaluation et d'expertise.

CHAPITRE 1

PRINCIPES

1 / Liberté de la recherche

Un principe cardinal de la recherche scientifique est sa liberté [1]. La liberté de la recherche scientifique implique d'abord que les scientifiques disposent d'une autonomie suffisante dans l'exercice de leur activité afin de laisser celle-ci s'épanouir au gré de sa propre dynamique scientifique, sans subir la contrainte d'autorités politiques, économiques, religieuses. La Déclaration de Bonn adoptée par le Conseil des ministres européens le 20 octobre 2020 englobe ainsi dans la liberté de la recherche : la liberté de déterminer les objets de recherche et les méthodes, de réunir des données, de développer de nouvelles idées et de les diffuser. Énoncée à propos des enseignants-chercheurs (pour lesquels le vocable « liberté académique » ou « liberté universitaire » est parfois privilégié), cette liberté est également accordée aux chercheurs des organismes publics de recherche. La Déclaration de Bonn envisage la liberté de la recherche scientifique comme un

1. K.M. Wulff, *Regulations of scientific inquiry. Societal concerns with research*, AAAS, 1979 ; G. Vedel, « Les libertés universitaires », *Revue de l'enseignement supérieur*, n° 3, 1960, p. 134 ; M.-A. Hermitte (dir.), *La Liberté de la recherche et ses limites. Approches juridiques*, Romillat, 2004 ; Ch. Fortier, *L'Organisation de la liberté de la recherche en France*, thèse Univ. Bourgogne, 2004 ; A. Maurel, *Les Chercheurs saisis par la norme. Contribution à l'étude des droits et devoirs des chercheurs*, Presses univ. Toulouse 1 Capitole, 2014.

« principe central » qui s'applique « à tous les types d'organisations de recherche et de scientifiques et à toutes les disciplines scientifiques ».

« Indispensable au progrès scientifique [1] », « pilier de toute démocratie [2] », « gage de l'excellence de l'enseignement supérieur et de la recherche français [3] », la liberté de la recherche constitue une condition indispensable de l'avancement des connaissances. Aussi le respect de cette liberté reçoit-il une attention particulière de la part des personnels de l'enseignement supérieur et de la recherche face aux menaces qui pèsent sur elle [4].

Au sein de l'Union européenne, la liberté de la recherche est affirmée par la Charte des droits fondamentaux : « Les arts et la recherche scientifique sont libres. La liberté académique est respectée » (art. 13). En France, le Conseil constitutionnel [5] comme le Conseil d'État [6] ont reconnu une valeur constitutionnelle (principe fondamental reconnu par les lois de la République) à l'indépendance des enseignants, chercheurs et enseignants-chercheurs dans le cadre de leur activité d'enseignement et de recherche au sein de l'enseignement supérieur [7]. Il découle par exemple de cette indépendance que les professeurs et les autres enseignants-chercheurs doivent

1. Unesco, Recommandation concernant la science et les chercheurs scientifiques (2017).
2. Déclaration de Bonn, Conseil des ministres européens, 20 oct. 2020.
3. C. éduc., art. L. 952-2.
4. M. Duclos et A. Fjeld (dir.), *Liberté de la recherche. Conflits, Pratiques, Horizons*, Kimé, 2019 ; O. Beaud, *Le Savoir en danger. Menaces sur la liberté académique*, Puf, 2021. Voir aussi la Résolution européenne sur un nécessaire soutien à la liberté académique en Europe, Sénat, 14 janvier 2022.
5. Cons. const., 20 janv. 1984, n° 83-165 DC ; 10 janvier 1995, n° 94-355 DC ; 6 août 2010, n° 2010-20/21 QPC.
6. CE, 4/1 SSR, 29 mai 1992, n° 67622 ; CE, 4/1 SSR, 9 nov. 1994, n° 96946 ; CE, 4/6 SRR, 22 mars 2000, n° 195638. A. Legrand, « Le Conseil d'État et les libertés universitaires », *in* J. Caillosse et O. Renaudie (dir.), *Le Conseil d'État et l'Université*, Dalloz, 2015, p. 37.
7. S. Mouton, « Les fondements constitutionnels de la liberté de la recherche », *in* J. Larrieu (dir.), *Qu'en est-il du droit de la recherche ?*, Presses univ. Toulouse 1 Capitole, 2008, p. 93.

avoir une représentation propre et authentique dans les conseils de la communauté scientifique [1], que la qualité de leurs travaux doit être appréciée par leurs pairs [2] (par dérogation au droit commun de la fonction publique, s'agissant des chercheurs fonctionnaires [3]).

La liberté d'expression constitue une autre dimension de la liberté de la recherche [4]. Les idées scientifiques doivent pouvoir circuler sans entrave afin de permettre les échanges au sein de la communauté scientifique et la formation des chercheurs. De plus, les scientifiques ayant un rôle de diffusion des connaissances, celles-ci doivent pouvoir être portée à la connaissance du public. Le Code de la recherche souligne ainsi la nécessaire autonomie de la démarche scientifique des personnels de la recherche publique, ainsi que la libre circulation des idées (art. L. 411-3). De même, le Pacte international sur les droits civils et politiques (PIDCP) rappelle que « toute personne a droit à la liberté d'expression » et précise que « ce droit comprend la liberté de rechercher, de recevoir et de répandre des informations et des idées de toute espèce, sans considération de frontières, sous une forme orale, écrite, imprimée ou artistique, ou par tout autre moyen de son choix » (art. 19.2). Les scientifiques disposent d'abord d'une pleine liberté d'expression, comme n'importe quel citoyen, dans les limites généralement assignées à ce droit. Ainsi, la liberté d'expression des enseignants-chercheurs garantie par l'article L. 952-2 du Code de l'éducation ne peut couvrir des propos et attitudes humiliants contre des étudiants dans le cadre de l'enseignement [5], ni des propos négationnistes publiés dans une revue scientifique [6]. Cependant, la liberté

1. CE, 4/1 SSR, 29 mai 1992, n° 67622 ; CE, 4/5 SSR, 5 déc 2007, n° 298263, *AJDA*, 2008, p. 2238, Legrand.
2. CE, 4e sous-sect. jugeant seule, 25 mai 2007, n° 296014.
3. C. rech., art. R. 422-8.
4. S. Manson, « L'université vue du Palais des droits de l'homme », *Mélanges en l'honneur de D. Truchet*, Dalloz, 2015, p. 345.
5. CE, 4e ch., 21 juin 2019, n° 424582, inédit.
6. CE, 4/1 SSR, 28 sept. 1998, n° 159236, *Rec. Tables* ; CE, 4/5 SSR, 19 mars 2008, n° 296984, *Rec. Tables*.

d'expression est encore plus grande lorsqu'il s'agit des idées et des résultats scientifiques, tant il importe que celles-ci puissent éclairer le débat public, y compris si elles heurtent ou contrarient les idées politiques d'autres personnes [1]. La Cour européenne des droits de l'homme relève ainsi que la liberté universitaire comprend la liberté pour les enseignants-chercheurs d'exprimer leurs opinions, fussent-elles polémiques ou impopulaires, dans les domaines relevant de leurs recherches, de leur expertise professionnelle et de leur compétence [2].

S'agissant des scientifiques qui possèdent le statut d'agent public, la liberté d'expression entre en tension avec l'obligation de réserve qui pèse sur les fonctionnaires [3]. Si cette dernière peut imposer aux chercheurs une certaine retenue dans la tonalité de leurs propos, elle ne fait pas obstacle à la diffusion des idées scientifiques. Ainsi, pour le Conseil constitutionnel, « par leur nature, les fonctions d'enseignement et de recherche exigent, dans l'intérêt même du service, que la libre expression et l'indépendance des enseignants-chercheurs soient garanties [4] ». De même, la Cour européenne des droits de l'homme affirme que les chercheurs peuvent exprimer librement leur opinion sur l'institution et le système dans lesquels ils travaillent [5]. La conciliation entre la liberté d'expression et l'obligation de réserve suscite des difficultés

1. D. Kuri, J.-P. Marguénaud, « Le droit à la liberté d'expression des universitaires », *D.* 2010, 2921.
2. CEDH, 25 août 1988, *Hertel c./ Suisse*, § 50 ; CEDH, 23 juin 2009, *X c./ Turquie*, n° 17089/03, § 35 ; CEDH, 27 mai 2014, *X et al. c./ Turquie*, n° 346/04 et 39779/04, § 40.
3. O. Beaud, « Obligation de réserve ou devoir de parler ? Deux conceptions de la fonction publique », *AJDA*, 2010, p. 865 ; J. Piednoir, « L'obligation de réserve d'un officier chercheur entre les énervements de la hiérarchie et les évitements du juge : l'affaire *Matelly* », *Actualité juridique Fonction publique*, 2011, 108 ; E. Aubin, « Les valeurs de la fonction publique en dehors de la loi du 13 juillet 1983 », *AJDA*, 2013, p. 1212 ; C. Fernandes, « La liberté académique, une liberté spécifique ? », *Revue des droits de l'homme*, n° 24, 2023 [en ligne].
4. Cons. const., 20 janv. 1984, n° 83-165 DC, consid. 19 ; Cons. const., 28 juillet 1993, n° 93-322 DC, consid. 7.
5. CEDH, 23 juin 2009, *S... c./ Turquie*, n° 17089/03.

d'appréciation, notamment dans le cas de chercheurs qui s'expriment sur un sujet extérieur ou à la marge de leur champ de compétence, et qui peuvent être accusés d'adopter une posture militante. Ces situations ont conduit plusieurs institutions [1] à rappeler fermement la liberté d'expression dont disposent les chercheurs, tout en soulignant les responsabilités qui y sont associées leur imposant de faire preuve de rigueur, de transparence sur l'état des connaissances disponibles et sur l'étendue de leurs propres compétences.

Cependant, la liberté de la recherche ne s'exerce pas sans limite. D'abord, le droit en vigueur prohibe la réalisation de certaines recherches [2]. De même, la liberté de la recherche peut être restreinte par l'existence d'une politique de recherche qui oriente des financements et thématiques prioritaires de la recherche [3]. La Charte européenne du chercheur (2005) impose aux scientifiques de « reconnaître les limites à cette liberté susceptible de découler de circonstances particulières de recherche (notamment sur le plan de la supervision, l'orientation et la gestion) ou de contraintes opérationnelles, par exemple pour des raisons de budget ou d'infrastructure

---

1. *Singapore Statement on research integrity*, WCRI, 2010, art. 10 ; Université de Lausanne, *L'Engagement public des universitaires : entre liberté académique et déontologie professionnelle*, 2022 ; Collège de déontologie du ministère de l'Enseignement supérieur et de la Recherche, avis du 17 février 2023 relatif à l'expression publique des chercheurs ; COMETS, avis 2023-44 : « Entre liberté et responsabilité : l'engagement public des chercheurs et chercheuses » ; Éthique en commun, *Quels droits et devoirs pour les scientifiques et leurs institutions face à l'urgence environnementale ?*, 2023.

2. Ex. : art. L. 2151-2 C. santé publ. : interdiction de la conception *in vitro* d'embryon humain par fusion de gamètes, de la constitution par clonage d'embryon humain ; de la modification d'un embryon humain par adjonction de cellules provenant d'autres espèces. Voir aussi I. de Lamberterie et E. Vergès (dir.), *Quel droit pour la recherche ?*, Litec, 2006, spéc. p. 119 et s. ; E. Vergès, « La recherche scientifique. Enjeux et difficultés de la mobilisation par le droit d'un concept issu des sciences et technologies », *Lex Electronica*, vol. 22, 2017, p. 15.

3. C. rech., art. L. 111-1. Comp. : Ch. Fortier, « La liberté du chercheur public », *in* J. Larrieu (dir.), *Qu'en est-il du droit de la recherche ?*, Presses univ. Toulouse 1 Capitole, 2008, p. 113 ; A. Camus, « La liberté académique et le financement de la recherche », *Revue des droits de l'homme*, n° 24, 2023 [en ligne].

ou, particulièrement dans le secteur industriel, pour des raisons de protection de la propriété intellectuelle ». Enfin, la liberté de la recherche s'exerce dans la limite des exigences de l'éthique et de la déontologie de la recherche et de l'intégrité scientifique. C'est cette tension qu'exprime l'article L. 952-2 du Code de l'éducation, qui dispose que « les enseignants-chercheurs, les enseignants et les chercheurs jouissent d'une pleine indépendance et d'une entière liberté d'expression dans l'exercice de leurs fonctions d'enseignement et de leurs activités de recherche, sous les réserves que leur imposent, conformément aux traditions universitaires et aux dispositions du présent code, les principes de tolérance et d'objectivité ». Le lien consubstantiel entre la liberté de la recherche et l'intégrité scientifique est rappelé par nombre de déclarations et chartes déontologiques. Ainsi, la Déclaration de Marseille souligne que « la liberté de la recherche scientifique implique également la responsabilité des chercheurs de travailler de manière éthique, et avec rigueur et intégrité [1] ». De même, le Collège de déontologie de l'Enseignement supérieur et de la Recherche a souligné que « la liberté académique [...] s'exerce dans le respect des règles de prévention des conflits d'intérêts et des impératifs de l'intégrité scientifique [2] ». Dans un autre avis, il relève que si les enseignants-chercheurs et les chercheurs disposent, dans leurs travaux de recherche et dans leurs enseignements, d'une entière liberté « aussi bien pour les thèmes de recherche qu'ils choisissent que pour les opinions qu'ils expriment de manière argumentée [...], ils ne sont pas pour autant affranchis de leurs obligations déontologiques [3] ».

1. *Déclaration de Marseille relative à la coopération internationale en matière de recherche et d'innovation*, Présidence française de l'Union européenne, 2022.
2. Avis du 14 déc. 2020 relatif à la transparence des intérêts portés par certains enseignants-chercheurs à l'occasion d'une publication et à la prévention des risques de conflits d'intérêts.
3. Avis du 21 mai 2021 relatif aux libertés académiques.

2 / Déontologie des fonctionnaires

Les scientifiques qui exercent comme agents publics doivent se conformer aux obligations déontologiques applicables à tous les fonctionnaires [1]. Ces obligations, longtemps insérées dans la loi n° 83-634 du 13 juillet 1983 (chapitre IV : Des obligations et de la déontologie), sont désormais énoncées dans le Code général de la fonction publique (titre II : Obligations). Un premier chapitre énumère les obligations générales, qui seront évoquées ici, puis un chapitre 2 traite de la prévention des conflits d'intérêts et d'infractions pénales [2], et un chapitre 3 précise les règles du cumul d'activités [3]. Le CGFP dispose que « l'agent public exerce ses fonctions avec dignité, impartialité, intégrité et probité » (art. L. 121-1). S'agissant des scientifiques, l'intégrité mentionnée par le CGFP ne renvoie pas à l'intégrité scientifique au sens donné plus haut, mais à une exigence générale d'honnêteté, conduisant par exemple à veiller au bon usage des ressources publiques consacrées à la recherche (le Code européen du chercheur souligne que les chercheurs financés par des fonds publics sont responsables de l'utilisation efficace de l'argent des contribuables), à s'abstenir de tout détournement des fonds et moyens mis à sa disposition. La Charte déontologique du CNRS rapproche d'ailleurs la probité et l'intégrité, toutes deux envisagées comme l'exercice désintéressé des fonctions. Dans l'exercice de leurs fonctions, les scientifiques agents publics sont également tenus par une obligation de neutralité, par le principe de laïcité et par l'obligation de traiter « de façon égale toutes les personnes » (CGFP, art. 121-2). Les agents publics sont, de plus, tenus au secret professionnel (art. L. 121-6) et par une obligation de discrétion professionnelle pour tous les faits, informations ou documents dont ils ont connaissance dans l'exercice de leurs fonctions. Ils doivent également se conformer aux instructions de

1. J.-F. Kerléo, E. Untermaier-Kerléo, *Déontologie de la fonction publique*, Puf, 2023.
2. Voir *infra*, p. 156.
3. Voir *infra*, p. 118.

leur supérieur hiérarchique, « sauf dans le cas où l'ordre donné est manifestement illégal et de nature à compromettre gravement un intérêt public » (art. L. 121-10). Pour la mise en œuvre de ces obligations générales, les agents publics peuvent bénéficier des conseils du référent déontologue désigné au sein de leur institution [1].

Les codes et chartes déontologiques existant dans le domaine de la recherche reprennent de façon plus ou moins précise ces obligations déontologiques applicables aux agents publics. La Charte déontologique du CNRS est sans doute le document le plus étroitement calqué sur les obligations déontologiques des fonctionnaires, et cela alors même que tous les agents employés par le CNRS n'ont pas la qualité d'agent public.

3 / Valeurs

Aux termes du Code de la recherche, les travaux de recherche doivent respecter « les exigences de l'intégrité scientifique visant à garantir leur caractère honnête et scientifiquement rigoureux et à consolider le lien de confiance avec la société » (C. rech., art. L. 211-2). Selon le même texte, « l'intégrité scientifique contribue à garantir l'impartialité des recherches et l'objectivité de leurs résultats » (art. L. 211-2).

Honnêteté, rigueur, impartialité, objectivité…, les contours de l'intégrité scientifique sont généralement décrits par référence à des valeurs. Les codes et guides déontologiques sur l'activité de recherche reprennent et déclinent ces idées, selon des formulations qui peuvent varier mais qui sont convergentes sur le fond. La formulation de valeurs est au cœur des déontologies professionnelles : elles explicitent ce qui est attendu des scientifiques ; elles ont vocation à être communiquées aux nouveaux entrants par le biais de formations ; elles justifient que des sanctions disciplinaires puissent être prises à leur encontre en cas de manquement.

1. Voir *supra*, p. 93.

Ainsi, le Code de conduite européen pour l'intégrité scientifique (2023) énonce que « les bonnes pratiques de recherche reflètent les principes fondamentaux de l'intégrité scientifique », qui comportent les principes de fiabilité, honnêteté, respect et responsabilité [1]. Le Conseil européen engage les États membres à s'approprier ces principes tout en élargissant cette liste : honnêteté, fiabilité, objectivité, impartialité et indépendance, communication ouverte, devoir de sollicitude, loyauté, responsabilité envers les générations futures de chercheurs [2]. Aux Pays-Bas, le Code de conduite pour l'intégrité scientifique énonce cinq principes qui constituent les « bases de l'intégrité en recherche » : honnêteté, caractère scrupuleux du travail, transparence, indépendance, responsabilité. Le Code d'intégrité scientifique élaboré par les Académies suisses des sciences retient quatre « principes fondamentaux », qui s'inscrivent « dans le principe directeur de la rigueur scientifique » : fiabilité, honnêteté, respect, responsabilité [3]. Le Code de conduite finlandais met en avant quatre principes de base de l'intégrité scientifique : la fiabilité, l'honnêteté, le respect, la responsabilité [4]. Hors d'Europe également, les Fonds de recherche du Québec relèvent parmi les « valeurs qui sous-tendent l'activité de recherche [5] » : l'honnêteté, l'équité, le respect, la responsabilité, l'ouverture. Le Guide sur la conduite responsable de la recherche élaboré par l'ORI aux États-Unis identifie comme les « valeurs partagées » par les scientifiques l'honnêteté, la précision, l'efficience et l'objectivité [6].

Ces « valeurs », « principes », « standards » de l'activité de recherche doivent guider les scientifiques mais supposent

1. ALLEA, *The European Code of conduct for research integrity*, 2023.
2. Conclusions du Conseil de l'Union européenne sur l'intégrité scientifique (14853/15 RECH 296), § 7.
3. Académies suisses des sciences, *Code d'intégrité scientifique*, 2021, § 3.2.
4. TENK, *The Finnish Code of conduct for research integrity and procedures for handling alleged violations of research integrity in Finland*, 2023, § 3.1.
5. Fonds de recherche du Québec, *Politique sur la conduite responsable en recherche*, 2022, § 2.
6. N. H. Steneck, *Introduction to the responsible conduct of research*, ORI, 2007.

pour cela d'être déclinés plus précisément à la lumière des situations concrètes qu'ils rencontrent. Plusieurs codes et chartes relatifs à l'intégrité scientifique s'attachent donc à illustrer la mise en œuvre des principes de l'intégrité scientifique dans une rubrique consacrée aux « bonnes pratiques de recherche » ou aux « pratiques exemplaires ». C'est le cas, par exemple, du Code de conduite européen pour l'intégrité scientifique (ALLEA, 2023) ou de codes de conduite nationaux, comme celui des Pays-Bas [1], du Québec [2], d'Allemagne [3], du Royaume-Uni [4]. Énonçant des principes directeurs ensuite illustrés dans des situations courantes des pratiques de recherche, cette organisation de la matière confère à ces textes une grande clarté (61 bonnes pratiques de recherche sont ainsi mentionnées par le Code néerlandais). Tel n'est pas le cas de la Charte française de déontologie des métiers de la recherche, dont les dispositions sont, sur le fond, proches des autres textes européens et internationaux, mais qui ne bénéficie pas d'un ordonnancement aussi clairement structuré.

Les valeurs qui sous-tendent l'activité de recherche doivent guider les chercheurs dans toutes leurs activités. Par exemple, l'exigence d'impartialité impose de déclarer et si possible d'éviter les conflits d'intérêts non seulement dans l'activité de développement des connaissances, mais aussi dans les évaluations, les recrutements, les expertises auxquels participent les scientifiques [5]. Mais ces valeurs comportent aussi des déclinaisons particulières aux différentes activités, compte tenu des spécificités de chacune d'elles.

---

1. *Netherlands Code of conduct for research integrity*, 2018.
2. Fonds de recherche du Québec, *Politique sur la conduite responsable en recherche*, 2022.
3. DGF, *Guidelines for safeguarding good research practice. Code of conduct*, 2022.
4. UKRIO, *Code of practice for research. Promoting good practice and preventing misconduct*, 3e éd., 2023.
5. La transversalité de la question des conflits d'intérêts dans les activités de recherche est soulignée par le COMETS (avis 2019-39). Voir aussi : Y. Gingras, P. Malissard, J.-F. Auger, « Les conditions d'émergence des "conflits d'intérêts" dans le champ universitaire », *Éthique publique*, vol. 2, n° 2, 2000, p. 126.

À retenir

L'activité scientifique bénéficie d'un principe de liberté de la recherche, qui recouvre le droit de déterminer ses objets et méthodes de recherche ainsi que d'en diffuser les résultats. La liberté scientifique s'exerce dans le respect de la déontologie de la recherche et de l'intégrité scientifique.

Les chercheurs qui exercent leur activité comme agents publics doivent respecter les règles déontologiques applicables aux fonctionnaires.

Plus généralement, les textes déontologiques relatifs à la recherche énoncent les valeurs qui sous-tendent cette activité.

Au titre des valeurs qui sous-tendent l'activité de recherche figurent la fiabilité, l'honnêteté, le respect et la responsabilité. Ces valeurs s'imposent à toutes les personnes qui exercent une activité de recherche, qu'elles soient ou non fonctionnaires.

CHAPITRE 2

ACTIVITÉ DE RECHERCHE

On envisagera dans ce chapitre les normes déontologiques qui concernent le développement des connaissances. Celles-ci font naître des obligations à la charge des scientifiques comme de leurs institutions. Ces normes peuvent être ordonnées autour de quatre exigences : adopter une attitude professionnelle et mener une recherche à la fois intègre, ouverte et responsable.

1 / Professionnalisme

Comme toutes les déontologies, celle encadrant l'activité de recherche exige des scientifiques qu'ils adoptent une attitude professionnelle. La Charte européenne du chercheur (2005) invite ainsi les chercheurs, employeurs et bailleurs de fonds à « agir de façon responsable en tant que professionnels dans leur milieu de travail, et à se reconnaître en tant que tels les uns les autres ». L'attitude professionnelle doit s'entendre comme une attitude conforme à des « règles de bon exercice du métier [1] », ces dernières concernant les relations des scientifiques avec le droit de l'État, les institutions qui les emploient, leurs collègues et leurs étudiants.

1. D. Truchet, « Intégrité scientifique et déontologie : une étude comparée », *in* O. Descamps, K. Lairedj, *L'Intégrité scientifique à l'aune du droit*, *op. cit.*, p. 71.

1. Respect des obligations légales et contractuelles

Les chercheurs doivent, en premier lieu, prendre leur place dans les institutions et systèmes juridiques où s'exerce leur activité. Cela leur impose de respecter les obligations juridiques qui naissent dans ce contexte. La Charte européenne du chercheur identifie le respect de la législation nationale, régionale ou sectorielle par les chercheurs, employeurs et bailleurs de fonds comme une « obligation primordiale ». Cette exigence impose de connaître et de respecter la législation applicable à l'activité de recherche, ainsi que les « objectifs stratégiques régissant leur environnement de recherche ». De même, la Charte française de déontologie des métiers de la recherche (2015) attend de tout chercheur qu'il se tienne « informé des dispositifs législatifs et réglementaires qui régissent les activités professionnelles » et [qu'il] veille au respect des textes correspondants, s'agissant notamment des recherches sur l'être humain, l'animal et l'environnement » (§ 1). Le respect de la législation applicable s'étend au respect des engagements contractuels.

Si les scientifiques doivent respecter l'ensemble de la législation, les règles déontologiques formulées à leur destination mentionnent plus particulièrement certaines règles auxquels ils sont confrontés dans leur activité, portant sur la propriété intellectuelle, la protection des données, la santé et la sécurité dans la conduite de la recherche. Ainsi, la Charte française de déontologie des métiers de la recherche énonce que « les discriminations, le harcèlement, l'abus d'autorité relèvent de fautes professionnelles ». Les chercheurs doivent également concourir à certaines politiques publiques mises en place par des législations particulières, comme celle relative à l'égalité entre les femmes et les hommes (Charte européenne du chercheur, Charte de déontologie ANR 2009). Cette exigence vise à tenter de remédier à la sous-représentation des femmes dans l'activité de recherche. Ces dernières représentent en effet, en moyenne, au sein des pays de l'OCDE, environ 40 % des chercheurs (29,9 % en France)[1] mais seulement 25 % des auteurs d'articles scientifiques, 14 % des éditeurs de journaux scientifiques et 8 % des éditeurs en chef[2]. Au sein de l'OCDE, les femmes comptent pour un peu plus de 30 % des auteurs correspondants (*corresponding authors*) des articles scientifiques, avec de fortes disparités d'une discipline à l'autre (45 % en sciences sociales et en psychologie ; 15 % en physique et astronomie)[3].

2. Respect dans les relations de travail

La Charte française de déontologie des métiers de la recherche exige des chercheurs qu'ils fassent preuve de « respect dans les relations de travail ».

Cette obligation se traduit dans les relations avec les collègues de travail par l'obligation d'adopter une attitude tempérée, respectueuse et qui évite de créer des tensions. À ce titre, le Code de conduite européen pour l'intégrité scientifique (ALLEA, 2023) mentionne, parmi les principes qui gouvernent l'intégrité scientifique, « le respect pour les collègues, les participants à une recherche, les sujets de recherche » et souligne la responsabilité qui pèse sur les chercheurs dans l'organisation de la recherche, la formation, la supervision et la formation par la recherche.

L'exigence de respect dans les relations de travail se traduit également dans les relations avec les doctorants et les étudiants. La Charte européenne du chercheur (2005) énonce ainsi que « les chercheurs expérimentés devraient consacrer une attention particulière à leur rôle multiple en tant que directeurs de thèse/stage, mentors, conseillers de carrière, chefs, coordinateurs de projet, directeurs ou spécialistes de la communication scientifique. Ils devraient s'acquitter de ces tâches selon les standards professionnels les plus élevés. En

1. *OECD interactive dashboard on gender-specific analysis in research*, 2023.
2. F. Liu *et al.*, « Gender inequality and self-publication are common among academic editors », *Nature Human Behaviour*, vol. 7, 2023, p. 353.
3. *OECD international survey of scientific authors*, 2021.

ce qui concerne leur rôle de directeur de thèse/stage ou de mentor de chercheurs, les chercheurs expérimentés devraient bâtir une relation constructive et positive avec les chercheurs en début de carrière, afin de mettre en place les conditions nécessaires au transfert efficace des connaissances et au bon développement de la carrière des chercheurs ». En dehors de l'absence de harcèlement sexuel et moral, régulièrement sanctionné sur le terrain disciplinaire, les encadrants doivent adopter une attitude respectueuse des personnes travaillant sous leur supervision, en vue de favoriser leur épanouissement professionnel et de diffuser la connaissance des règles déontologiques applicables à l'activité de recherche [1]. Plus encore, l'adoption d'une attitude respectueuse par les personnes en charge de l'encadrement dans les laboratoires de recherche constitue un vecteur de formation des personnels nouvellement recrutés [2].

3. Exercice exclusif de l'activité et règles de cumul d'activités

Le Code général de la fonction publique prévoit que « l'agent public consacre l'intégralité de son activité professionnelle aux tâches qui lui sont confiées » (art. L. 121-3). Cette règle est reprise s'agissant des fonctionnaires des établissements publics à caractère scientifique et technologique : ils « consacrent la totalité de leur temps de service à la réalisation des activités qu'implique l'exercice des missions définies à l'article L. 411-1 [3] ».

1. Certains organismes chargés de l'intégrité scientifique précisent de façon détaillée les enjeux d'intégrité scientifique dans les relations entre les doctorants et doctorantes et les personnes chargées de leur supervision, par ex. : Finnish National Board on Research Integrity (TENK) et Universities Finland (UNIFI), *Supervision of doctoral dissertations and their review process in Finland with a special emphasis on research integrity*, 2017.
2. L. Bezuidenhout, « The relational responsibilities of scientists : (re)considering science as a practice » ; *Res Ethics*, vol. 13, n° 2, 2017, p. 65.
3. C. rech., art. R. 421-4.

Cette règle connaît toutefois des dérogations, précisées sous forme de règles de cumul d'activités, notamment au profit d'entreprises privées (CGFP, art. L. 123-1 et s.). Le COMETS souligne les situations de conflit d'intérêts qui peuvent résulter des cumuls d'activités des chercheurs, « soit qu'ils reçoivent eux-mêmes directement des rémunérations pour le savoir qu'ils transfèrent à l'entreprise, soit qu'ils apportent une caution intellectuelle aux intérêts de l'entreprise [1] ». Aussi le respect des règles de cumul fait-il partie des obligations déontologiques énoncées par la Charte française de déontologie des métiers de la recherche [2]. De plus, le Collège de déontologie du ministère de l'Enseignement supérieur et de la Recherche a indiqué que « la déontologie des enseignants-chercheurs s'applique à leurs activités accessoires, même si ces activités ont des cadres déontologiques propres [3] ».

Par souci de simplification, il est dorénavant prévu que certains cumuls d'activités sont seulement soumis à déclaration de l'agent public concerné, d'autres à autorisation de l'institution qui l'emploie [4]. S'agissant des scientifiques, le Code de la recherche prévoit que l'activité accessoire donne lieu à une déclaration à l'autorité dont ils relèvent lorsqu'il s'agit des missions mentionnées à l'article L. 411-1 et qu'elle est exercée au bénéfice d'un établissement d'enseignement ou de recherche ou de certains autres bénéficiaires [5] (C. rech.,

1. COMETS, avis n° 2019-39 : « Des liens d'intérêts aux conflits d'intérêts dans la recherche publique ».
2. « Dans le cas des activités de conseil ou d'expertise menées en marge du travail de recherche, les chercheurs sont tenus d'informer leur employeur et de se conformer aux règles relatives au cumul d'activités et de rémunérations en vigueur dans leur institution » (§ 6).
3. Rapport d'activité 2021, p. 14.
4. A. Mangiavillano, « La liberté du travail, modalité de la liberté académique ? », *AJDA*, n° 2, 2022, p. 100.
5. « Une fondation reconnue d'utilité publique ayant pour activité principale la recherche publique au sens de l'article L. 112-1, du Hcéres ou d'une administration de l'État ou d'une collectivité territoriale ou d'une organisation internationale intergouvernementale ou d'une institution ou d'un organe de l'Union européenne ».

art. L. 411-3-1). Par ailleurs, les scientifiques fonctionnaires peuvent être autorisés à apporter leur concours scientifique à une entreprise qui assure la valorisation de travaux de recherche (C. rech., art. L. 531-8), détenir une participation dans le capital social d'une entreprise existante (C. rech., art. L. 531-9), participer aux organes de direction d'une société commerciale, afin de favoriser la diffusion des résultats de la recherche publique (C. rech., art. L. 531-12) [1]. Les autorisations requises sont données dans les conditions prévues aux articles L. 531-14 et suivants du Code de la recherche, sous peine de s'exposer aux infractions de prise illégale d'intérêts et de prise illégale de participation [2]. En dehors des hypothèses qui viennent d'être évoquées, l'autorisation de cumul d'activités est accordée conformément aux dispositions législatives et réglementaires applicables à l'ensemble des agents de la fonction publique, notamment à celles du Code général de la fonction publique et à celles du décret n° 2020-69 du 30 janvier 2020 relatif aux contrôles déontologiques dans la fonction publique [3].

La mise en œuvre de cette réglementation complexe peut susciter des interrogations chez les individus concernés et justifier de solliciter les conseils du référent déontologue mis en place dans leur institution.

2 / Intégrité

1. Honnêteté et objectivité

Les règles déontologiques relatives à une recherche intègre sont celles qui portent sur la qualité du travail scientifique réalisé. Sous l'intitulé de la « fiabilité du travail de recherche », la Charte française de déontologie des métiers

---

1. A. Robin (dir.), *L'Innovation et la recherche en France. Analyse juridique et économique*, Larcier, 2010.
2. A. Robin, *Droit des données de la recherche. Science ouverte, innovation, données publiques*, Larcier, 2022, p. 374.
3. C. rech., art. R. 411-1.

de la recherche vise aussi bien le choix approprié des méthodes de recherche, la description détaillée du protocole de recherche, la nécessité de conclusions fondées sur une analyse critique des données et qui ne surestiment pas les applications éventuelles, une communication objective et honnête de la totalité des conclusions, une prise en compte et un référencement explicite des études et résultats antérieurs, dans le respect du droit de la propriété intellectuelle. De même, le Code de conduite européen pour l'intégrité scientifique (ALLEA, 2023) retient, parmi les principes qui doivent sous-tendre toute recherche, « la fiabilité se traduisant par une responsabilité d'assurer la qualité de la recherche, aussi bien dans la conception, que dans la méthodologie, le travail d'analyse et l'utilisation des ressources ». L'ALLEA mentionne également « l'honnêteté dans l'élaboration, la réalisation, l'évaluation, la communication et la présentation de la recherche, qui doit être transparente, équitable, complète et impartiale ». Cette exigence d'honnêteté (« franchise, absence de fraude et de tromperie ») et d'équité (« impartialité et jugement sain, dénué de tout préjugé ou de favoritisme ») se retrouve dans la « Politique sur la conduite responsable en recherche » élaborée par les Fonds de recherche du Québec (2022).

Cette exigence déontologique impose de rendre compte honnêtement des données de recherche obtenues, sans les déformer, les inventer ou les emprunter à d'autres auteurs sans le dire. Ainsi, selon le Code européen de la recherche (2005), les chercheurs doivent « éviter tout type de plagiat » et respecter la propriété intellectuelle des données de recherche (éventuellement conjointe s'agissant de recherches menées en collaboration avec d'autres chercheurs ou des étudiants). À ces exigences, la Charte européenne du chercheur (2005) ajoute celle pour les scientifiques de maintenir leur compétence, par le biais d'un développement professionnel continu, afin d'appuyer leurs travaux sur le dernier état de la recherche.

Concernant l'acquisition des données scientifiques, les recherches ont fait ressortir différentes fraudes et pratiques problématiques qui ont en commun de priver les données scientifiques de leur caractère objectif, depuis leur invention pure et simple (fabrication de données), la mise à l'écart injustifiée de données dérangeantes qui affaibliraient le résultat scientifique (falsification de données), la présentation des données de recherche sous un jour favorable à la démonstration de l'article (« embellissement » des données). Des difficultés particulièrement aigues sont apparu au cours des dernières années en ce qui concerne les images publiées dans les revues scientifiques [1]. De même, des études ont révélé des pratiques malhonnêtes de la part de scientifiques s'efforçant d'aménager leurs résultats de telle sorte qu'ils apparaissent statistiquement significatifs (*p-hacking*), et puissent, en tant que tels, prétendre à être publiés dans une revue [2].

Cependant, si on laisse de côté l'invention pure et simple de données, qui constitue clairement un manquement à l'intégrité scientifique, les divers arrangements (embellissement, sélection, etc.) des données suscitent plus d'interrogations et sont parfois difficiles à établir. En effet, l'activité scientifique ordinaire engage d'innombrables décisions sur la constitution des données, depuis l'identification des données « qui comptent », leur mise en forme, jusqu'au moment où elles sont jugées « suffisantes » [3]. Dès lors, un article scientifique suppose toujours une présentation des résultats scientifiques tournée vers une démonstration et ne décrit pas nécessairement la réalité des opérations matérielles, des hésitations des

1. N. Callaerts, A. Hocquet, F. Wieber, « "Conducted properly, published incorrectly": the evolving status of gel electrophoresis images along instrumental transformations in times of reproducibility crisis », *Berichte zur Wissenschaftsgeschichte*, vol. 46, 2023, p. 233.

2. R.J. McCoun, « P-hacking. A strategic analysis », *in* L. J. Jussim, J. A. Krosnick, S. T. Stevens (eds), *Research Integrity*, Oxford University Press, 2022, p. 295.

3. P. Galison, *Ainsi s'achèvent les expériences : la place des expériences dans la physique du XXe siècle*, trad. B. Nicquevert, La Découverte, 2002 ; H. Collins, *Changing order ? Replication and induction in scientific practice*, The University of Chicago Press, 1985.

scientifiques – au point que P. Medawar suggère qu'un article scientifique serait toujours, *en ce sens*, « une fraude[1] ». Le moment à partir duquel le travail sur les données de recherche caractérise une fraude peut être difficile à déterminer et ces manipulations échappent parfois à la vigilance des relecteurs dans le cadre du fonctionnement des revues à comité de lecture[2].

2. Reconnaissance de la qualité d'auteur

Le travail de toutes les personnes qui ont contribué à une recherche doit être publiquement reconnu. Il incombe aux institutions de recherche de mettre en place un cadre favorable permettant aux scientifiques d'être nommés et/ou cités, dans le cadre de leurs contributions réelles, en tant que coauteurs (Charte européenne du chercheur, 2005). Mais c'est surtout sur les scientifiques eux-mêmes que pèse la responsabilité de créditer correctement les auteurs. Le Code de conduite européen pour l'intégrité scientifique (ALLEA, 2023, § 2.7) prévoit que les auteurs se mettent d'accord sur l'ordre des auteurs[3], décrivent si possible les contributions de chacun à la publication, reconnaissent la contribution apportée par les personnes qui ne présentent

1. P. Medawar, « Is the scientific paper a fraud? », *in* D. Edge, *Experiment : a series of scientific case histories first broadcast in the BBC third programme*, British Broadcasting Corporation, 1964, p. 7 : « Je veux dire qu'un article scientifique peut être une fraude en ce sens qu'il ne représente pas le processus de pensée qui a accompagné ou qui a donné naissance au travail qui est décrit dans l'article. »
2. Éditorial, « Beautification and fraud », *Nature Cell Biol*, vol. 8, n° 2, 2006, p. 102 ; E.H. Boyle Jr, G.C. Banks, E. Gonzalez-Mulé, « The Chrysalis Effect : how ugly initial results metamorphosize into beautiful articles », *Journal of Management*, vol. 43, n° 2, 2017, p. 376.
3. Le COPE recommande également, dans une visée préventive, que les chercheurs discutent de questions liées à la qualité d'auteur et à l'ordre des citations lors de la planification de la recherche et avant la rédaction de chaque article (COPE, *How to handle authorship disputes: a guide for new researchers*, 2003). Voir aussi, dans le même sens : TENK, *Agreeing on authorship. Recommendation for research publications*, 2018, p. 58.

pas la qualité d'auteur (collaborateurs, assistants, financeurs). La Charte française de déontologie des métiers de la recherche (2015) indique, quant à elle, que les travaux de recherche doivent reconnaître « les apports intellectuels et expérimentaux antérieurs et les droits de la propriété intellectuelle » (§ 3).

L'attribution de la qualité d'auteur des publications scientifiques est source de multiples difficultés lorsque des scientifiques estiment que leur contribution est passée sous silence ou que l'ordre des auteurs ne rend pas justice à leur contribution réelle [1]. À cela s'ajoutent des effets de genre, qui tendent à minorer les contributions scientifiques des femmes [2]. La difficulté est renforcée également par un accroissement du nombre des auteurs signataires dans certaines disciplines [3]. Ces questions occupent une part non négligeable des signalements reçus par les référents à l'intégrité scientifique et sont pointés par les scientifiques comme des problèmes courants [4]. Ces difficultés prennent une ampleur d'autant plus grande que l'évaluation des chercheurs – et l'évolution de leur carrière – s'appuie sur le nombre de leurs publications et sur leur « rang » dans l'ordre des auteurs. Concernant l'ordre des

1. M. Biagioli et P. Galison (eds), *Scientific authorship. Credit and intellectual property in science*, Routledge, 2003 ; D. Pontille, « Qu'est-ce qu'un auteur scientifique ? », *Sciences de la Société*, n° 67, 2006, p. 77.

2. M.B. Ross *et al.*, « Women are credited less in science than men », *Nature*, vol. 608, 2022, p. 135 ; I. Molwitz *et al.*, « Female author representation differs between journals from the United States of America, Europe, and Asia : a 10-year comparison of five medical disciplines », *Scientometrics*, vol. 128, 2023, p. 1583.

3. Par exemple, un article signé par 1 014 auteurs (« Fruit-fly paper has 1,000 authors », *Nature*, vol. 521, 2015, p. 263). Voir aussi, J.A. Teixeira da Silva, J. Dobránszki, « Multiple authorship in scientific manuscripts : ethical challenges, ghost and guest/gift authorship, and the cultural/disciplinary perspective », *Sci Eng Ethics*, vol. 22, 2016, p. 1457.

4. J.I. Seeman, M.C. House, « Authorship issues and conflict in the US academic chemical community », *Account Res*, vol. 22, 2015, p. 346 ; E. Smith *et al.*, « Misconduct and misbehavior related to authorship disagreements in collaborative science », *Sci Eng Ethics*, vol. 26, 2020, p. 1967 ; D.S. Chawla, « Unearned authorship pervades science », *Nature*, 2023.

auteurs, la prise en compte des usages de chaque discipline est particulièrement importante, certaines exprimant à travers cet ordre un crédit plus ou moins élevé, d'autres s'en tenant à l'ordre alphabétique des auteurs [1].

Toutes les contributions à une publication scientifique ne justifient pas la reconnaissance de la qualité d'auteur. Inversement, la qualité d'auteur n'implique pas nécessairement le fait d'avoir apporté une contribution écrite à la publication [2]. Par ailleurs, la qualité d'auteur scientifique ne recouvre pas nécessairement celle de titulaire du droit d'auteur [3]. Enfin, la politique de science ouverte et la mise à disposition publique des données de recherche [4] plaident pour la reconnaissance de la qualité d'auteur aux personnes mettant ces données à disposition [5]. Aussi une gradation des contributions est-elle envisageable. Au sens du Code de conduite européen (ALLEA, 2023, § 2.7), la qualité d'auteur découle des conditions suivantes : (1) avoir apporté une contribution significative à la conception de la recherche, à la collecte des données, à leur analyse ou à leur interprétation ; (2) avoir rédigé ou avoir fait une relecture critique de la publication ; (3) avoir approuvé la publication finale ; (4) endosser la responsabilité du contenu de la publication, sauf mention contraire. Si la contribution apportée n'est pas suffisamment significative

1. A. Marušić, L. Bošnjak, A. Jerončić, « A systematic review of research on the meaning, ethics and practices of authorship across scholarly disciplines », *PLoS One*, vol. 6, n° 9, 2011, e23477 ; M. Weber, « The effects of listing authors in alphabetical order : a review of the empirical evidence », *Research Evaluation*, vol. 27, n° 3, 2018, p. 238 ; E. Rudd, « The effect of alphabetical order of author listing on the careers of scientists », Soc Stud Sci, vol. 7, n°2, 1977, p. 268.

2. En ce sens : TENK, *Agreeing on authorship. Recommendation for research publications*, 2018, p. 48.

3. N. Bronzo, *Propriété intellectuelle et valorisation des résultats de la recherche publique*, thèse Aix-Marseille Université, 2011 ; G. Galvez-Behar, *Posséder la science. La propriété scientifique au temps du capitalisme industriel*, Éd. de l'EHESS, 2020.

4. Voir *infra*, p. 138.

5. Éditorial, « Time to recognize authorship of open data », *Nature*, vol. 604, 2022, p. 8.

pour justifier la qualité d'auteur, celle-ci peut être reconnue dans les remerciements [1].

Afin de pallier aux difficultés d'appréciation du caractère plus ou moins significatif des contributions apportées par chacun, de nombreuses revues biomédicales ont adopté le système CRediT (*Contributor roles taxonomy*) [2] proposé par des éditeurs de revues [3], qui permet de décrire les « contributions » apportées par les différents auteurs : conceptualisation de l'article, développement de la méthodologie, programmation de logiciels, vérification des résultats produits, mise en œuvre de techniques formelles d'analyse des données, réalisation des expériences ou collecte des données, apport des ressources nécessaires à la réalisation de la recherche, gestion des données, préparation du manuscrit, révision du manuscrit, élaboration des supports visuels, supervision de la recherche, administration du projet, obtention de financements. Cette description enrichie des rôles de chacun élargit la notion d'auteur, qui se mue en celle de contributeur [4].

Dans un contexte où le nombre des articles scientifiques et des revues qui les publient s'est considérablement accru [5], les manquements à l'intégrité scientifique prennent de nouveaux visages. Aux classiques plagiats de la recherche scientifique [6]

1. N. Desrochers *et al.*, « Authorship, citations, acknowledgments and visibility in social media : symbolic capital in the multifaceted reward system of science », *Social Science Information*, vol. 57, n° 2, 2018, p. 223.
2. https://credit.niso.org/
3. V. Larivière *et al.*, « Contributorship and division of labor in knowledge production », *Soc Stud Sci*, vol. 46, n° 3, 2016, p. 417 ; V. Larivière, D. Pontille, C.R. Sugimoto, « Investigating the division of scientific labor using the contributor roles taxonomy (CRediT) », *Quantitative Science Studies*, vol. 2, n° 1, 2020, p. 111.
4. D. Pontille, *Signer ensemble : contribution et évaluation en sciences*, Economica, 2016.
5. Ainsi, au sein de l'Union européenne, 668 070 articles avaient été publiés en 2021, contre 487 738 en 2010. En 2021, la République populaire de Chine avait publié 774 394 articles, les États-Unis 498 783, la France 115 939 (*Science, technologie et innovation : tableau de bord de l'OCDE*, 2023 et OECD, *Scientometrics*, 2023).
6. J. Moret-Bailly, « Plagiat et déontologie académique », *in* G.-J. Guglielmi et G. Koubi (dir.), *Le Plagiat de la recherche scientifique*, LGDJ, 2012, p. 27.

viennent s'ajouter de nouvelles méconduites scientifiques favorisées par les modifications de l'édition scientifique et des pratiques d'écriture[1]. Ainsi, la pratique des « auteurs invités » (*guest authorship*) ou « honorifiques » (*honorary coauthorship*) consiste à donner la qualité d'auteur d'un article à une personne qui n'a pas apporté de contribution substantielle à sa réalisation[2]. Les raisons peuvent être multiples : volonté de bénéficier de la (bonne) réputation de l'invité[3], relations de pouvoir asymétriques (comme ce peut être le cas lorsqu'un article rédigé par un doctorant est signé par son directeur de thèse[4]), dans l'attente d'une contrepartie quelconque, qui peut du reste être un retour d'ascenseur dans une autre publication (*gift authorship*). Cette pratique augmente artificiellement le nombre de publications imputables à une personne, avec les bénéfices qu'elle en attend en termes d'évaluation et de progression de carrière. Le *ghost authorship* consiste, au contraire, à confier la rédaction d'un article scientifique à une personne qui n'apparaîtra pas dans la liste des auteurs, dissimulant ainsi un auteur en conflit d'intérêts. Cette pratique a pu se rencontrer dans la recherche biomédicale, par exemple, où des auteurs liés à des firmes pharmaceutiques ont rédigé des articles concernant les produits de cette

---

1. D. Pontille, D. Torny, « Dans les coulisses des articles scientifiques : définir des catégories de fraude et réguler les affaires », *Revue d'épidémiologie et de santé publique*, vol. 60, 2012, p. 247.
2. G. Pruschak, Ch. Hopp, « And the credit goes to... - Ghost and honorary authorship among social scientists », *PLoS One*, vol. 17, n° 5, 2022, e0267312.
3. J. O'Brien *et al.*, « Honorary coauthorship : does it matter ? », *Canadian Association of Radiologists Journal*, vol. 60, 2009, p. 231.
4. M. P. Goddiksen *et al.*, « "The person in power told me to". European PhD students' perspectives on guest authorship and good authorship practice », *PLoS One*, vol. 18, 2023, e0280018. L'article souligne qu'une telle pratique n'est pas jugée problématique dans certaines disciplines. Sur les variations de pratiques entre les disciplines : J. A. Teixeira da Silva, J. Dobránszki, « Multiple authorship in scientific manuscripts... », préc., p. 1457 ; F. Hesselmann, C. Schendzielorz, N. Sorgatz, « Say my name, say my name : academic authorship conventions between editorial policies and disciplinary practices », *Research Evaluation*, vol. 30, n° 3, 2021, p. 382.

firme[1]. Dans une forme radicale de « sous-traitance » de l'écriture des articles scientifiques, des sociétés proposent leurs services pour vendre à des auteurs en manque d'inspiration ou de temps des articles clé en main qu'il ne leur reste plus qu'à signer[2]. Ces sociétés – désignées par le terme générique de *paper mills* – peuvent éventuellement avoir recours à des outils d'intelligence artificielle générative pour produire des textes publiables dans des revues. Face à cette situation, des éditeurs de revues scientifiques s'efforcent de détecter les articles écrits par des *papers mills*[3], sans toujours y parvenir[4].

Mais ces pratiques problématiques d'écriture ne sont pas toujours pourchassées par les revues scientifiques. On a assisté, en effet, au cours des dernières années, à la création de revues (certaines appartiennent à des éditeurs qui possèdent un grand nombre d'entre elles) qui, derrière une apparence de sérieux, proposent de publier sans contrôle des articles scientifiques contre paiement de la part des auteurs. Ces revues peuvent aussi, pour renforcer leur réputation, solliciter des scientifiques pour figurer dans leurs comités éditoriaux, sans que cela n'implique un véritable travail à leur charge. L'identification de ces revues, qualifiées de « prédatrices », n'est pas toujours aisée. Des listes de ces revues sont

1. S. Sismondo, *Ghost-Managed medicine. Big Pharma's invisible hand*, Mattering Press, 2018 ; S. Sismondo, « Ghost-Managing and gaming pharmaceutical knowledge », *in* M. Biagioli, A. Lippman (eds), *Gaming the metrics…, op cit.*, p. 123 ; B. Hauray, « Conflits d'intérêts et recherche académique : entre critique et normalisation des dynamiques d'influence », *Cah. DST*, n° 16, 2023, p. 67.

2. M. Hvistendahl, « China's publication bazaar », *Science*, vol. 342, 2013, p. 1035 ; C. Aitchison, S. Mowbray, « Doctoral writing markets : exploring the grey zone », *in* T. Bretag (eds), *Handbook of academic integrity*, Springer, 2016, p. 287 ; COPE et STM, *Paper Mills. Research report from COPE & STM*, 2022 ; R. Van Noorden, « How big is science's fake-paper problem? », *Nature*, 6 nov. 2023.

3. Voir par exemple le logiciel élaboré par l'association internationale *Scientific, Technical and Medical Publishers* (STM).

4. J. A. Byrne, « Protection of the human gene research literature from contract cheating organizations known as research paper mills », *Nucleic Acids Research*, vol. 50, n° 21, 2022, p. 12058.

établies par des scientifiques mais ce paysage est très évolutif[1]. En outre, il peut être difficile, dans certains cas, de déterminer si une revue donnée est ou non problématique. Les auteurs qui publient dans ces revues peuvent, du reste, être de bonne foi, et par leurs publications venir leur conférer une certaine crédibilité.

Quand l'auteur est une IA...

Le développement des logiciels d'intelligence artificielle générative (comme, par exemple, ChatGPT) font naître de nouvelles interrogations liées à la qualité d'auteur. Sans faire disparaître les questions plus anciennes liées à la question de savoir *qui* est auteur[2], ces techniques conduisent à se demander *ce qu'est* un auteur. En effet, ces logiciels permettent de générer un article scientifique avec une intervention humaine minimale, même s'ils ne sont pas fondés sur un véritable dispositif de recherche et même s'ils peuvent être dépourvus de toute pertinence sur le plan scientifique et faire référence à des sources bibliographiques fabriquées[3]. Malgré cela, le recours à une intelligence artificielle n'est pas toujours détecté et de tels textes ont parfois été acceptés pour présentation dans des conférences scientifiques[4] ou pour publication dans des revues[5].

Certaines revues scientifiques ont entrepris de clarifier leurs politiques éditoriales à ce sujet[6], avec l'appui du Réseau européen

1. G. Tang, J. Peng, « Are the lists of questionable journals reasonable : a case study of early warning journal lists », *Account Res*, 2023 (DOI : 10.1080/08989621.2023.2261846).

2. Voir *supra*, p. 123.

3. E. Orduña-Malea, Á. Cabezas-Clavijo, « ChatGPT and the potential growing of ghost bibliographic references », *Scientometrics*, vol. 128, 2023, p. 5351.

4. Ph. Ball, « Computer conference welcomes gobbledegook paper », *Nature*, vol. 434, 2005, p. 946.

5. G. Hu, « Challenges for enforcing editorial policies on AI-generated papers », *Account Res*, 2023 (DOI : 10.1080/08989621.2023.2184262) ; R. Raman, « Transparency in research : an analysis of ChatGPT usage acknowledgment by authors across disciplines and geographies », *Account Res*, 2023 (DOI : 10.1080/08989621.2023.2273377).

6. Ex. : Sage : https://us.sagepub.com/en-us/nam/chatgpt-and-generative-ai ; M. Hosseini, L. M. Rasmussen, D. B. Resnik, « Using AI to write scholarly publications », *Account Res*, 2023 (DOI : 10.1080/08989621.2023.2168535) ; G.E. Kaebnick *et al.*, « Editors' statement on the responsible use of generative AI

pour l'intégrité scientifique[1]. Tout en reconnaissant l'apport des outils d'intelligence artificielle générative dans la préparation des articles scientifiques (et implicitement la diffusion de leur utilisation dans certaines communautés de recherche), elles soulignent la nécessité d'une supervision humaine du résultat et imposent de déclarer l'utilisation de tels outils dans l'article[2]. En aucun cas, ces outils d'IA ne doivent être inclus dans la liste des auteurs[3]. La transparence sur l'usage d'outils d'intelligence artificielle pour la préparation d'articles scientifiques est aussi exigée par le Code de conduite européen pour l'intégrité scientifique (ALLEA, 2023, § 2.8).

3. Transparence des liens d'intérêts dans les publications

L'exigence d'honnêteté dans le travail de recherche implique que les scientifiques fassent preuve de transparence sur leurs éventuels liens d'intérêts. Ces derniers pourraient en effet introduire des biais dans la recherche et orienter les résultats (ALLEA, 2023, § 1). Les liens d'intérêts qui doivent être déclarés découlent principalement des sources de financement de la recherche[4]. Des travaux ont montré que les recherches financées par des commanditaires privés tendaient à conforter les attentes de ces derniers, montrant l'existence

technologies in scholarly journal publishing », *Hastings Center Report*, vol. 53, 2023, p. 1 ; A. Levene, « Artificial intelligence and authorship », COPE, 2023 [en ligne].

1. European Network for Academic Integrity, *Recommendations on the ethical use of artificial intelligence*, 2023.

2. G. Tang, « Letter to editor : academic journals should clarify the proportion of NLP-generated content in papers », *Account Res*, 2023 (DOI : 10.1080/08989621.2023.2180359).

3. Ex. : Sage : https://us.sagepub.com/en-us/nam/chatgpt-and-generative-ai ; C. Stokel-Walker, « ChatGPT listed as author on research papers : many scientists disapprove », *Nature*, vol. 613, 2023, p. 620 ; N.S. Ling Yeo-Teh, B. Luen Tang, « Letter to editor : NLP systems such as ChatGPT cannot be listed as an author because these cannot fulfill widely adopted authorship criteria », *Account Res*, 2023 (DOI : 10.1080/08989621.2023.2177160).

4. D. B. Resnik, « Conflits of interest in science », *Perspectives on Science*, vol. 6, n° 4, 1998, p. 381.

d'un biais de financement (*funding effect*) [1]. Ces liens sont particulièrement présents dans certains domaines de recherche, comme la recherche médicale et pharmaceutique [2]. La déclaration de liens d'intérêts ne concerne pas les seuls liens financiers [3]. Elle s'étend à tous ceux qui sont susceptibles d'affecter l'impartialité des chercheurs dans la réalisation ou la communication de la recherche : appartenance institutionnelle [4], participations financières dans une entreprise, activité éditoriale, participation à une expertise, réalisation d'une consultation gratuite ou rémunérée, relations personnelles et familiales. Ces liens d'intérêts ne font pas nécessairement obstacle à la publication [5] mais leur déclaration permet aux lecteurs d'en apprécier les résultats en connaissance de cette situation. Ainsi que l'indiquent les consignes aux auteurs de l'éditeur Springer, « la déclaration de liens d'intérêts permet la mise en place d'une procédure [de publication] complète et transparente et aide les lecteurs à se former leur propre jugement sur l'existence de biais potentiels. Cette déclaration n'entend pas suggérer que l'existence d'une relation financière avec une institution qui a subventionné la recherche ou une

1. S. Krimsky, « The funding effect in science and its implications for the judiciary », *Journal of Law and Policy*, vol. 13, 2005, p. 43 ; D. B. Resnik, *The Price of truth. How money affects the norms of science*, Oxford University Press, 2007 ; L. Maxim, G. Arnold, « Comment les conflits d'intérêts peuvent influencer la recherche et l'expertise », *Hermès*, n° 64, 2012, p. 48 ; T. Bauwens, D. Reike, M. Calisto-Friant, « Science for sale ? Why academic marketization is a problem and what sustainability research can do about it », *Environmental Innovation and Societal Transitions*, vol. 48, 2023, p. 100749.

2. M. Rodwin, *Medicine, Money & Morals. Physicians' conflicts of interest*, Oxford University Press, 1993 ; S. Chimonas *et al.*, « Mapping conflict of interests : scoping review », *BMJ*, vol. 375, 2021, p. e066576 ; J. Hinton, T. Reeves, B.N. Shah, « Analysis of conflicts of interest among authors and researchers of european clinical guidelines in cardiovascular medicine », *Clinical Medicine*, vol. 21, n° 2, 2021, p. e166.

3. D. B. Resnik, « Disclosing and managing non-financial conflicts of interest in scientific publications », *Res Ethics*, vol. 19, n° 2, 2023, p. 121.

4. D. B. Resnik, « Institutional conflicts of interest in academic research », *Sci Eng Ethics*, vol. 25, 2019, p. 1661.

5. On comparera cette situation avec celle qui prévaut en cas de conflit d'intérêts dans les recrutements : voir *infra*, p. 162.

compensation reçue en contrepartie d'une consultation est inappropriée [1] ».

Pour cette raison, la plupart des revues scientifiques exigent que les auteurs déclarent l'existence de liens d'intérêts (ou l'absence de conflits d'intérêts) et les financements qu'ils auraient reçus pour réaliser la recherche dont les résultats sont publiés. La concentration de l'édition scientifique entre les mains de quelques éditeurs [2] et la participation d'un grand nombre d'entre eux aux activités du *Committee on publication ethics* (COPE) renforcent la portée de ces règles. Ainsi, l'éditeur Springer demande aux auteurs « de déclarer les intérêts qui sont directement ou indirectement liés au travail de recherche soumis pour publication. Les intérêts nés au cours de trois années qui précèdent le démarrage de la recherche (conduite de la recherche et préparation de la publication soumise) doivent être déclarés. Les intérêts qui n'entrent pas dans ce délai de trois ans doivent être déclarés s'ils pourraient raisonnablement être perçus comme susceptibles d'influencer le travail soumis [3] ». De même, l'éditeur Sage exige de toute personne (auteurs, éditeurs, relecteurs, membres de comités éditoriaux de revues) d'être « transparent sur les conflits d'intérêts réels ou apparents [4] ».

On remarquera que cette pratique, pourtant recommandée par le COPE [5], est rarement, pour ne pas dire exceptionnellement, suivie dans les revues de droit [6]. Face à cette situation, le Collège de déontologie du ministère de l'Enseignement supérieur et de la Recherche a souligné qu'« une publication

1. https://www-springer-com/gp/editorial-policies/competing-interests-policy
2. V. Larivière, S. Haustein, Ph. Mongeon, « The oligopoly of academic publishers in the digital era », *PLoS One*, 2015, e0127502.
3. https://www-springer-com/gp/editorial-policies/competing-interests-policy
4. https://us-sagepub-com/en-us/nam/ethics-responsibility
5. COPE, *Ethics toolkit for a successful editorial office*, 2022
6. T. Grumbach, « Doctrine et déontologie », *Droit social* 1999, p. 323 ; N. Molfessis, « La controverse doctrinale et l'exigence de transparence de la doctrine », *RTD civ.* 2003, p. 161 ; A. Supiot, « Ontologie et déontologie de la doctrine », *D.* 2013, p. 1421 ; A. Rouyère, « La déontologie des enseignants-chercheurs », *in* E. Mella (dir.), *L'Université et ses responsabilités*, LGDJ, 2016, p. 116 et s.

en partie inspirée par une expérience d'expert, de conseil ou d'avocat qui dissimulerait cette expérience au lecteur méconnaîtrait ces règles et ces impératifs. La transparence s'impose pour éviter la suspicion comme pour garantir l'honnêteté intellectuelle de la publication [1] ». Le Collège de déontologie demande donc « aux enseignants-chercheurs de témoigner de la prudence et de s'interroger suffisamment avant de publier un texte dont le contenu est en lien avec leur activité de conseil, d'expert ou d'avocat. Il leur rappelle que, s'ils envisagent une telle publication, il leur incombe, à peine de méconnaître leurs obligations déontologiques, de signaler en toute hypothèse aux éditeurs et de demander à ceux-ci d'indiquer aux lecteurs les éventuelles activités d'expert, de conseil ou d'avocat qu'ils ont pu avoir, dès lors que ces activités présentent un lien quelconque avec leur projet de publication. Il recommande aux éditeurs de faire preuve à cet égard de vigilance ». Dans d'autres domaines de recherche, des réflexions sont menées pour unifier les règles de déclaration des liens d'intérêts [2] ou les rendre plus effectives [3].

4. Reproductibilité

Le Code européen de la recherche (2005) indique que les chercheurs s'abstiennent de réaliser des recherches qui auraient déjà été menées précédemment. Ce principe, motivé par le souci d'employer utilement les fonds de recherche, ne

1. Avis du collège de déontologie du 14 décembre 2020 relatif à la transparence des intérêts portés par certains enseignants-chercheurs à l'occasion d'une publication et à la prévention des risques de conflits d'intérêts ; B. Mallet-Bricout, E. Untermaier-Kerléo, « L'intégrité scientifique sous les feux de la rampe. La transparence des intérêts portés par un enseignant-chercheur à l'occasion d'une publication », *La Semaine juridique Éd. générale*, 2021, 537.
2. Ex. dans le domaine des addictions : M. Goozner *et al.*, « A common standard for conflict of interest disclosure in addiction journals », *Addiction*, vol. 104, 2009, p. 1779.
3. C.D. Dugan, L.M. Lee, C.B. Jandreau, « Timing and monitoring of financial disclosures in publications : a cross-institutional assessment of financial conflict of interest reports », *Account Res*, 2023 (DOI : 10.1080/08989621.2023.2172569).

fait évidemment pas obstacle à la reproduction d'expériences antérieures. De même, « la nécessité de valider les observations nouvelles en montrant que les expériences sont reproductibles ne devrait pas être interprétée comme du plagiat, à condition que les données à confirmer soient explicitement citées ». L'explicitation des protocoles de recherche et des méthodologies mises en œuvre pour la collecte des données ainsi que la description précise des analyses faites sur ce matériau doivent permettre de reproduire la même recherche et ainsi de la vérifier. Le Code de conduite européen (ALLEA, 2023) indique ainsi que « les chercheurs décrivent leurs résultats et leurs méthodes, y compris l'usage qu'ils ont fait de services expertise ou d'outils d'intelligence artificielle et de procédés automatisés, conformément aux normes acceptées dans leur discipline et, là où cela est applicable, ils facilitent la vérification ou la réplication » (§ 2.3). Le Code néerlandais fait lui aussi le lien entre l'explicitation des méthodes et des résultats de recherche et la reproductibilité des recherches : « La recherche doit être décrite de manière suffisamment détaillée afin que la réunion des données et l'analyse puissent être reproduites » (§ 3.4). Les règles déontologiques établissent ainsi un lien fort entre reproductibilité des recherches et intégrité scientifique [1].

La possibilité de répliquer les travaux publiés ne s'affiche pas seulement comme un moyen de partager et de vérifier les méthodes et résultats de recherche dans le cadre de l'activité

1. J. Ioannidis, « Why science is not necessarily self-correcting », *Perspectives on Psychological Science*, vol. 7, n° 6, 2012, p. 645 ; J. Ioannidis, « How to make more published research true », *PLOS Medicine*, vol. 11, n° 10, 2014, p. 1001747 ; H. Hill, J. Pitt, « Failure to replicate : a sign of scientific misconduct? », *Publications*, n° 2, 2014, p. 71 ; M. Munafò *et al.*, « A manifesto for reproducible science », *Nature Human Behaviour*, vol. 1, n° 21, 2017, p. 1 ; M. Macleod, « Improving the reproducibility and integrity of research : what can different stakeholders contribute ? », *BMC Research Notes*, vol. 15, 2022, p. 146 ; R. Peels, L. Bouter, « Replication and trustworthiness », *Account Res*, vol. 30, n° 2, 2023, p. 77 ; House of Commons, *Reproducibility and Research integrity*, Science, Innovation and Technology Committee, 2023.

scientifique ordinaire [1] ; elle est aussi un moyen de détecter d'éventuelles fraudes dans la réunion des données ou dans leur analyse [2]. L'affirmation est importante alors que des travaux de recherche ont montré qu'un nombre important de recherches publiées n'avaient pas pu être reproduites, suggérant l'existence d'une « crise de la reproductibilité ». En réaction, certaines communautés de recherche ont développé des programmes pour améliorer la reproductibilité de leurs résultats [3]. Des prestataires issus de la recherche publique proposent même aux chercheurs de certifier le caractère reproductible de leurs données, codes ou articles scientifiques avant soumission à une revue [4].

Si la reproductibilité de recherche n'est concevable que dans certains domaines scientifiques (en particulier dans les sciences expérimentales [5]), il reste que, dans tous les

1. F. Romero, « Novelty versus replicability : virtues and vices in the reward system of science », *Philos Sci*, vol. 84, 2017, p. 1031 ; D. Peterson, A. Panofsky, « Self-correction in science : the diagnostic and integrative motives for replication », *Soc Stud Sci*, vol. 51, n° 4, 2021, p. 583 ; S.D. Connell, J.Y.S Leung, « Reproducibility crisis and gravitation towards a consensus in ocean acidification research », *Nature Climate Change*, vol. 13, 2023, p. 1266.

2. C. Forest, C. Noûs, J. Haiech, « De la définition de l'intégrité scientifique à ses conséquences », *in* M. Stanton-Jean et C. Hervé (dir), *Éthique, intégrité scientifique et fausses nouvelles*, *op. cit.*, p. 137.

3. Ex. en psychologie sociale : Many labs' replication project, open science collaboration.

4. Ex. : *Certification Agency for Scientific Code and Data* (Cascad) : https://www.cascad.tech/, fondé par le CNRS, HEC et l'université d'Orléans. Voir aussi C. Pérignon *et al.*, « Certify reproducibility with confidential data », *Science*, n° 6449, p. 127.

5. Sur la question de la reproductibilité dans les sciences sociales qui ne recourent pas à des méthodes quantitatives : J. Freese, « Replication standards for quantitative social science. Why not sociology? », *Sociological Methods & Research*, vol. 36, n° 2, 2007, p. 153 ; E. Miguel *et al.*, « Promoting transparency in social science research », *Science*, vol. 343, 2014, p. 30 ; J. Savolainen, M. VanEseltine, « Replication and research integrity in criminology : introduction to the special issue », *Journal of Contemporary Criminal Justice*, vol. 34, 2018, p. 236 ; S. Leonelli, « Re-thinking reproducibility as a criterion for research quality », *Research in the History of Economic Thought and Methodology*, vol. 36, 2018 ; O. Leclerc, « Jalons prospectifs sur l'exigence de reproductibilité dans la recherche juridique », *Mélanges Pascal Ancel*, Larcier, 2021, p. 175.

domaines de recherche, les méthodes et les résultats de recherche doivent être décrits de manière suffisamment précise et objective pour que la discussion scientifique et le contrôle des pairs puisse s'exercer conformément aux normes de la discipline. Cette exigence d'objectivation des méthodes et résultats ne fait pas disparaître les difficultés qui affectent la réplication des expériences du fait qu'elles intègrent des savoir-faire, parfois qualifiés de « tacites », qu'il est difficile de décrire et de transmettre [1].

3 / Ouverture

Dans un sens courant, l'exigence d'ouverture de la recherche renvoie à l'idée que les résultats de la recherche doivent être publics afin qu'ils puissent être discutés par les pairs et afin que les connaissances scientifiques soient accessibles au plus grand nombre. Dans un sens plus spécifique, l'ouverture de la recherche renvoie à une politique publique de « science ouverte », qui entretient des liens étroits avec l'intégrité scientifique.

1. Accessibilité des résultats de la recherche

Le Code de la recherche place parmi les missions confiées aux personnels de la recherche « la diffusion de l'information et de la culture scientifique et technique dans toute la population, et notamment parmi les jeunes » (C. rech., art. L. 411-1, c). Cette obligation est reprise par les principaux textes déontologiques. La Charte française de déontologie des métiers de la recherche (2015) souligne que « les résultats d'un travail de recherche ont vocation à être portés à la connaissance de la communauté scientifique et du public, en reconnaissant les apports intellectuels et expérimentaux antérieurs et les droits de la propriété intellectuelle » (§ 3). De

1. H. Collins, *Changing order…*, *op. cit.* ; U. Feest, « The experimenters' regress reconsidered : replication, tacit knowledge, and the dynamics of knowledge generation », *Studies in History and Philosophy of Science*, vol. 58, 2016, p. 34.

même, le Code européen du chercheur (2005) affirme que « les chercheurs devraient veiller à ce que leurs activités de recherche soient portées à la connaissance de la société dans son ensemble de telle sorte qu'elles puissent être comprises par les non-spécialistes, améliorant ainsi la compréhension de la science par la société ». Des études tendent à montrer, cependant, qu'une partie des études réalisées par les scientifiques n'est pas publiée [1].

À l'enjeu de diffusion des savoirs, s'ajoute celui de leur valorisation économique [2]. La Charte européenne du chercheur (2005) reflète cette orientation : « Tous les chercheurs devraient veiller, conformément à leurs dispositions contractuelles, à ce que les résultats de leurs travaux de recherche soient diffusés et exploités, en étant par exemple communiqués, transférés vers d'autres organismes de recherche ou, le cas échéant, commercialisés. Les chercheurs expérimentés, en particulier, devraient jouer un rôle pilote en assurant que la recherche porte ses fruits et que les résultats font l'objet d'une exploitation commerciale ou sont mis à la disposition du public (ou les deux à la fois) chaque fois que l'occasion se présente. »

La diffusion des savoirs scientifiques peut toutefois se heurter au droit de la propriété intellectuelle. Il n'est pas rare que les conventions relatives à la recherche restreignent la diffusion des résultats [3]. En ce sens, la politique de science ouverte entre en tension avec la politique de valorisation des résultats de la recherche : les données de recherche doivent être « aussi ouvertes que possible et pas plus fermées que nécessaire [4] ».

---

1. T. Bruckner, « Study : 39 % of US clinical trial results are not made public », *TranspariMed*, 27 juin 2023 [en ligne].
2. C. Alleaume (coord.), « Dossier *Open science* et marchandisation des connaissances », *Cah. DST*, n° 3, 2010 ; A. Robin, « Valorisation de la recherche publique, innovation, propriété intellectuelle », *Cah. DST*, n° 4, 2014, p. 251.
3. E. Vergès (dir.), *Contrats sur la recherche et l'innovation*, Dalloz, 2018, n° 221.00 et s.
4. A. Robin, « L'ouverture des données publiques scientifiques : de l'examen de la règle "open as possible, closed as necessary" », *Communication Commerce Électronique*, n° 9, 2020, étude 15.

2. Politique de science ouverte

À partir de 2018, en France, a été développée une politique publique de « science ouverte » visant à rendre les données de la recherche et ses résultats librement accessibles et réutilisables. Cette politique s'ordonne autour de quatre principes qui reflètent l'exigence de données de la recherche « faciles à trouver, accessibles, interopérables et réutilisables » (principes FAIR) [1]. La politique de science ouverte s'ajoute à la politique d'accès aux données publiques, mise en place de plus longue date [2]. Le premier Plan national pour la science ouverte pour la période 2018-2021 élaboré par le ministère de l'Enseignement supérieur et de la Recherche s'articulait autour de trois axes : généraliser l'accès ouvert aux publications ; structurer et ouvrir les données de recherche ; s'inscrire dans une dynamique durable, européenne et internationale [3]. Le deuxième Plan national (2021-2024) entend renforcer la dynamique de libre accès aux résultats de la recherche publique, favoriser le partage effectif des données de la recherche, étendre l'ouverture aux codes sources des logiciels produits par la recherche et faire de la science ouverte « la pratique par défaut des chercheurs » et « un critère d'excellence de la recherche ».

Cette politique d'ouverture de la science est loin d'avoir été initiée par la France. Une multitude d'initiatives existent dans le monde depuis au moins les années 1990 [4]. Le développement du numérique en a constitué un puissant accélérateur. Ainsi, dans l'Union européenne, le programme-cadre Horizon

---

1. A. Robin, *Droit des données de la recherche…*, *op. cit.*, p. 375 et s.
2. A. Robin, « Les données scientifiques au prisme du dispositif open data », *Communication Commerce Électronique*, n° 9, 2017, étude 14 ; A. Robin, « Valorisation de la recherche scientifique, propriété intellectuelle, innovation », *Cah. DST*, n° 7, 2017, p. 209 ; L. Watrin, *Les Données scientifiques saisies par le droit*, IFJD, 2019.
3. MESRI, *Bilan du Plan national pour la science ouverte 2018-2021*, mai 2021.
4. P. Henriet, L. Carcos, P. Ouzoulias, *Pour une science ouverte réaliste, équilibrée et respectueuse de la liberté académique*, rapport OPECST, 2022, spéc. p. 13 et s.

Europe (2021-2027) impose aux individus et aux institutions bénéficiaires de financements de recherche de donner un accès libre aux publications et de mettre en œuvre les principes de la science ouverte (principes FAIR). La politique de science ouverte est affichée comme une priorité de l'Union européenne [1]. Cette démarche est aussi promue par un consortium international d'organismes de financement (« cOAlition S ») qui visent, à travers le « Plan S », et son prolongement la proposition « *Towards responsible publishing* », à promouvoir un libre accès aux résultats de la recherche financée sur fonds publics. En France, l'Agence nationale de la recherche a signé le Plan S et s'est engagée à ce que les publications issues des recherches qu'elle finance soient publiées en accès ouvert [2]. L'Unesco a également proposé une recommandation à ses États membres sur une science ouverte, largement adoptée au sein de sa Conférence générale [3]. La prise en compte des publications ouvertes a vocation à intégrer les classements internationaux des universités [4] et l'évaluation des chercheurs [5].

La politique de science ouverte entretient un lien fort avec l'intégrité scientifique. Le Conseil de l'Union européenne voit dans la science ouverte un « mécanisme permettant de renforcer l'intégrité dans la recherche tandis que, dans le même temps, l'intégrité dans la recherche contribue à l'ouverture de la science [6] ». En premier lieu, l'ouverture des données de

1. Conseil de l'Union européenne, *Future governance of the European Research Area (ERA). Council conclusions*, 26 nov. 2021 (annexe).
2. C. Arènes *et al.*, « Faire entrer la science ouverte dans son projet ANR : un guide pratique », 2023. Voir aussi les *Recommandations de l'Académie des sciences pour la mise en pratique des principes de la science ouverte*, janv. 2022.
3. Unesco, *Projet de recommandation sur une science ouverte*, résolution 40 C/24, 8 sept. 2021.
4. Le *Leiden Ranking Open Edition* a été publié pour la première fois en janvier 2024. Il est le premier classement à mobiliser des données ouvertes.
5. Voir *infra*, p. 160.
6. Conclusions du Conseil de l'Union européenne sur l'intégrité en recherche (14853/15 RECH 296). Dans le même sens : *Deutsche Forschungsgemeinschaft* (German Research Foundation), *Open Science as part of research culture*, 2022.

recherche doit permettre de vérifier leur solidité et les analyses fondées sur elles, et de réutiliser ces données pour mener de nouvelles recherches ou pour répliquer une recherche existante. En second lieu, la disponibilité des données de la recherche doit permettre de faciliter la découverte d'éventuelles fraudes et de mieux connaître la contribution de chaque chercheur et le moment auquel les découvertes ont été faites, facilitant ainsi le règlement des questions d'auctorialité et d'antériorité. L'Office parlementaire d'évaluation des choix scientifiques et technologiques (OPECST) considère également que « par l'accès aux connaissances qu'elle permet, la science ouverte doit aider à sortir de la crise de la reproductibilité qui frappe le monde de la recherche et offrir aux chercheurs le partage et l'accessibilité de ressources permettant une coopération pour une science de meilleure qualité [1] ».

3. Science ouverte et accès aux données et résultats de la recherche

La politique de science ouverte vise en premier lieu à rendre accessibles les données et résultats de la recherche. Cela implique d'abord que ces données soient recueillies et conservées. Dans cette perspective, les laboratoires de sciences expérimentales consignent par écrit les expériences réalisées et les résultats obtenus. Très anciens [2], les cahiers de manipulation prennent aujourd'hui la forme de cahiers de laboratoire [3], éventuellement électroniques [4]. La forme des cahiers de laboratoire a été harmonisée et leur tenue est devenue obligatoire

1. P. Henriet, L. Carcos, P. Ouzoulias, *Pour une science ouverte réaliste, équilibrée et respectueuse de la liberté académique*, rapport OPECST, 2022, p. 71.
2. F. L. Holmes, J. Renn, H.-J. Rheinberger (eds), *Reworking the bench. Research notebooks in the history of science*, Kluwer, 2003.
3. O. Welfelé, « Organiser le désordre : usages du cahier de laboratoire en physique contemporaine », *Alliage*, n° 37-38, 1998, p. 25 ; A. Robin, « Le cahier de laboratoire, instrument de preuve privilégié des contrats de recherche », *Propriété industrielle*, n° 10, 2011, étude 16 ; F.L. Macrina, *Scientific Integrity : text and cases in responsible conduct of research*, 4e éd., ASM Press, 2010, p. 503.
4. G. Mathieu *et al.*, *Rapport du groupe de travail sur les cahiers de laboratoires électroniques*, Comité pour la science ouverte, 2021.

dans les laboratoires de recherche placés sous la tutelle du CNRS[1]. Des tribunaux administratifs ont considéré que commet un manquement à l'intégrité scientifique un directeur d'unité de recherche qui n'avait pas assuré la traçabilité, notamment par la tenue d'un cahier de laboratoire, des résultats des recherches menées au sein de l'unité dont il avait la responsabilité et qui n'avait pas pu reproduire un matériel biologique breveté[2].

Afin de permettre d'éventuelles vérifications et investigations de fraudes scientifiques, le Code de la recherche impose aux établissements publics contribuant au service public de la recherche et aux fondations reconnues d'utilité publique ayant pour activité principale la recherche publique de « veiller à conserver les résultats bruts des travaux scientifiques réalisés en leur sein » (C. rech., art. L. 211-2) et promouvoir « la diffusion des publications en accès ouvert et la mise à disposition des méthodes, protocoles, données et codes sources associés aux résultats de la recherche » (art. D. 211-2). Cette exigence s'impose sans préjudice des dispositions du Code du patrimoine sur les archives publiques[3]. Pour les scientifiques, la conservation des données de la recherche passe notamment par la mise en place de plans de gestion des données et par le recours à des architectures informatiques de conservation des données (entrepôts de données[4]).

La nécessité de favoriser l'accès aux données de la recherche s'est également traduite par des changements profonds des pratiques éditoriales. Certaines revues publient maintenant des jeux de données séparément de l'analyse qui

1. N. Léon, D. Libri, *Analyse de l'enquête sur les cahiers de laboratoires électroniques au CNRS*, 2021.
2. TA Montpellier, 19 déc. 2014, n° 1305840 ; TA Versailles, 15 déc. 2022, n° 2007417.
3. M. Cornu, J. Fromageau, B. Müller (dir.), *Archives de la recherche. Problèmes et enjeux de la construction du savoir scientifique*, L'Harmattan, 2014.
4. En France : entrepôt *Recherche Data Gouv* (https://entrepot.recherche.data.gouv.fr/). De nombreux entrepôts de données, disciplinaires ou généralistes existent (voir l'annuaire : https://www.re3data.org/).

en est proposée. Ces *data papers* sont soumis à l'évaluation par les pairs, avant ou après publication. De nombreuses revues permettent aussi de publier les jeux de données (*data set*) associés aux articles qu'elles publient [1]. Plus encore, des protocoles de recherche sont soumis à l'évaluation des pairs avant même que la recherche soit entreprise (*registered reports*) [2].

Enfin, la politique de science ouverte s'est traduite par une refonte profonde des modèles économiques de l'édition scientifique. En effet, ce secteur a connu un très fort processus de concentration, qui a conduit à une hausse considérable du prix des abonnements aux revues ou aux bouquets de revues, et cela alors même que l'écriture des articles et l'évaluation par les pairs sont assurés par les chercheurs [3]. En France, les établissements d'enseignement supérieur et de recherche ont tenté de peser sur les éditeurs en négociant de manière concertée au sein du consortium Couperin, allant jusqu'à préférer refuser les conditions proposées par les éditeurs. Le succès relatif de cette démarche a favorisé, en parallèle, le développement d'une politique de libre accès (*i.e.* gratuit et immédiat) aux revues scientifiques, qui s'est traduit par une multiplication par dix du nombre d'articles publiés en libre accès entre 2008 et 2020 [4]. Alors que certaines revues continuent de proposer un accès payant, par le moyen d'abonnements, un nombre croissant d'entre elles donnent accès librement à ces contenus, selon des modalités variées. Dans certains cas, c'est l'auteur de l'article qui finance le libre accès à travers le paiement de frais de publication (*article processing charges*

1. H.H. Thorp, V. Vinson, J. Yeston, « Strengthening the scientific record », *Science*, vol. 380, n° 6640, p. 13.
2. B.A. Nosek *et al.*, « The preregistration revolution », *Proceedings of the National Academy of Sciences*, vol. 115, n° 11, 2018, p. 2600 ; C.D. Chambers, L. Tzavella, « The past, present and future of registered reports », *Nature Human Behaviour*, vol. 6, 2022, p. 29.
3. V. Larivière, S. Haustein, Ph. Mongeon, « The oligopoly of academic publishers in the digital era », *PLoS One*, 2015, e0127502.
4. F. Shu, V. Larivière, « The oligopoly of open access publishing », *Scientometrics*, vol. 129, 2023, p. 519.

(APC)) à la revue (on parle dans ce cas de « voie dorée » lorsque la revue est en libre accès, ou de « voie dorée hybride » lorsque la revue n'est pas en libre accès par défaut mais rend certains articles librement accessibles moyennant le paiement d'APC). Dans d'autres cas, ni l'auteur ni le lecteur ne paie de frais de publication (« voie diamant ») [1]. Ce modèle est encouragé par le « Plan S » de la « cOAlition S ». La revue scientifique ou la plateforme qui l'héberge finance son activité par des subventions provenant d'universités, d'organismes de recherche, de sociétés savantes, d'organismes de financement de la recherche ou par la vente de services complémentaires à la publication (modèle *freemium*). Par exemple, l'Union européenne finance une plateforme de publication *Open Research Europe* permettant aux chercheurs financés par le programme-cadre Horizon Europe de rendre leurs publications librement accessibles.

Le montant très élevé des sommes payées par les chercheurs sous forme d'APC [2] incite les institutions de recherche à ne pas y recourir et à privilégier un dépôt dans une archive ouverte, comme HAL, Zenodo, ArXiv, SocArXiv... (« voie verte ») [3], qui s'accompagne de l'attribution d'un identifiant pérenne (par exemple, DOI : *digital object identifier*) et permet de recourir à une licence de diffusion ouverte, type *Creative Commons*. Depuis 2016, la loi pour une République numérique permet aux scientifiques de mettre en ligne leurs articles sur une archive ouverte dédiée, le cas échéant après

1. Les revues et ouvrages en libre accès sont référencés dans le Répertoire des revues en libre accès (*Directory of Open Access Journals*) et dans le Répertoire des livres en libre accès (*Directory of Open Access Books*).
2. CNRS, *Paysage de l'édition scientifique, pratiques des scientifiques et coûts associés*, Direction des données ouvertes de la recherche, 2022 ; A. Blanchard, D. Thierry, M. van der Graaf, *Retrospective and prospective study of the evolution of APC costs and electronic subscriptions for French institutions*, Comité pour la science ouverte, 2022 ; L. Zhang *et al.*, « Should open access lead to closed research ? The trends towards paying to perform research », *Scientometrics*, vol. 127, 2022, p. 7653.
3. « Le CNRS encourage ses scientifiques à ne plus payer pour être publiés », *CNRS Info*, 7 avril 2022.

une période d'embargo de six mois (douze mois dans les sciences humaines et sociales)[1]. L'ouverture des formats d'édition s'est étendue des articles scientifiques aux ouvrages de recherche, dont certains sont publiés en accès libre (par exemple, par *OpenEdition Books*).

4. Science ouverte et inclusion

La politique de science ouverte favorise une activité de recherche plus inclusive.

Cette perspective d'inclusion s'est d'abord manifestée *a minima* par la promotion de projets de recherche menés en partenariat avec les personnes intéressées par ses résultats et qui prennent en compte les préoccupations qu'elles expriment. Ainsi, au sein de l'Union européenne, le programme Horizon 2020 (2014-2020) a soutenu une programmation de la recherche « avec et pour la société » (*Science with and for Society*)[2]. Dans le programme-cadre Horizon Europe (2021-2027), les appels à projet « Renforcer l'espace européen de la recherche » encouragent le développement de la science ouverte avec une pluralité d'acteurs[3].

L'ouverture de la science impose aussi de prêter attention aux effets économiques, politiques et scientifiques des inégalités de richesse entre les scientifiques du Nord et ceux exerçant dans le « Sud global ». Dans une perspective attentive à la justice épistémique[4], l'ouverture de la science se mesure à la

---

1. A. Robin, « Valorisation de la recherche scientifique, propriété intellectuelle, innovation », *Cah. DST*, n° 7, 2017, p. 205 ; C. Arènes, L. Maurel, S. Rennes, *Guide d'application de la Loi pour une République numérique pour les données de la recherche*, Comité pour la science ouverte, 2022 (hal-03968218). Plaidant pour une extension aux ouvrages : Comité pour la science ouverte, *Recommandations pour la diffusion en accès ouvert des ouvrages de recherche*, 2023.
2. F. Andreone, « Le programme "Science avec et pour la société" de l'Union européenne (2014-2020) », *Revue de l'Union européenne*, 2020, p. 525.
3. S. Chevalier, J. Roche, *Les Appels à projet science ouverte dans Horizon Europe. Mobiliser les acteurs français*, Comité pour la science ouverte, mars 2023.
4. F. Piron et *al.*, « Le libre accès vu d'Afrique francophone subsaharienne », *Revue française des sciences de l'information et de la communication*, n° 11, 2017.

place donnée aux acteurs de la recherche issus de pays non occidentaux [1], à la prise en compte des savoirs locaux [2], à la biblio-diversité. Constatant la faible représentation, par exemple, des chercheurs africains dans la littérature scientifique, y compris lorsqu'elle implique des recommandations de politique publique les concernant [3], les revues scientifiques tendent à se montrer plus réservées sur le plan éthique vis-à-vis de recherches (qualifiées parfois de *helicopter research* [recherches en surplomb]) qui s'exercent sans associer les chercheurs des pays concernés et sans bénéfice avéré pour eux [4]. De même, s'agissant du montage de projets de recherche, les Fonds de recherche du Québec encouragent les scientifiques à bâtir, lorsque cela est à propos, « des projets en co-construction avec les personnes, les communautés (par exemple, les autochtones) et les organismes impliqués. Notamment, partager les retombées de la recherche de façon à s'assurer que les organismes, les personnes ou les communautés y ayant contribué ou ayant porté le fardeau de la réalisation de la recherche aient accès aux résultats de la recherche et à d'autres formes de retombées le cas échéant (incluant la propriété intellectuelle et les retombées financières) [5] ». À cette fin, un Code de conduite mondial pour la recherche dans les milieux pauvres en ressources a été élaboré en 2018

1. S. Akça, Ö. Şenyurt, « Geographical representation of editorial boards : a review in the field of library and information sciences », *Scientometrics*, vol. 128, 2023, p. 1409.
2. F. Piron, S. Regulus, M.S. Dibounje Madiba, *Justice cognitive, libre accès et savoirs locaux*, Science et bien commun, 2016 ; C. Fournier *et al.*, « Systemic disruptions : decolonizing indigenous research ethics using indigenous knowledges », *Res Ethics*, vol. 19, n° 3, 2023, p. 325.
3. A.V. Naidoo *et al.*, « African authorship on african papers during the Covid-19 pandemic », *BMJ Global Health*, vol. 6, 2021, e004612.
4. « *Nature* addresses helicopter research and ethics dumping », *Nature*, vol. 606, 2022, p. 7 ; K. McIntosh *et al.*, « Countering helicopter research with equitable partnerships », *The Lancet Global Health*, vol. 11, n° 7, 2023, p. e1007.
5. Fonds de recherche du Québec, *Politique sur la conduite responsable en recherche*, 2022. Voir aussi COMETS, avis 2007-17 : « L'impératif éthique dans les rapports entre chercheurs et populations autochtones » ; COMETS, avis 2010-21 : « Éthique de la recherche dans l'expérimentation sociale ».

par un consortium d'organisations [1]. De nombreuses revues scientifiques, journaux nationaux, universités, organismes de financement de la recherche et organisations internationales ont adhéré aux principes énoncés par ce code. La Commission européenne a fait de ce document l'un des éléments de sa « stratégie de coopération internationale de l'Europe dans un monde en mutation » [2].

Ces orientations rejoignent la recommandation faite aux États par l'Unesco de « veiller à ce que les pratiques de la science ouverte ne portent pas atteinte aux besoins et aux droits des communautés, notamment aux droits des peuples autochtones sur leurs savoirs traditionnels, tels qu'énoncés dans la Déclaration des Nations unies sur les droits des peuples autochtones (2007) [3] ». On ajoutera que le Protocole de Nagoya (2010) [4] impose que les avantages découlant de l'accès et de l'utilisation des ressources génétiques soient partagés de manière juste et équitable avec le pays d'origine de ces ressources.

4 / Responsabilité

L'exigence d'une recherche responsable renvoie à l'idée que les scientifiques doivent se préoccuper des conséquences de leurs recherches sur le monde qui les entoure. Cette responsabilité vis-à-vis de la société s'est étendue aux relations avec les animaux et avec l'environnement. Ainsi, le Code de conduite européen (ALLEA, 2023) souligne que l'exigence de « respect » qui pèse sur les scientifiques s'entend vis-à-vis des

1. TRUST, *Global Code of conduct for research in resource-poor settings*, 2018.
2. COM(2021) 252 final.
3. Unesco, *Projet de recommandation sur une science ouverte*, résolution 40 C/24, 8 sept. 2021.
4. *Protocole de Nagoya sur l'accès aux ressources génétiques et le partage juste et équitable des avantages découlant de leur utilisation relatif à la Convention sur la diversité biologique*, 2010 ; D. Schroeder, « Benefit sharing. Looking for global justice », *in* R. Iphofen (eds), *Handbook of research ethics and scientific integrity*, *op. cit.*, p. 263.

« collègues, des sujets se prêtant à des recherches, de la société, des écosystèmes, du patrimoine [*cultural heritage*], et de l'environnement ».

1. Envers la société

De nombreuses déclarations collectives ont été signées par des scientifiques appelant leurs collègues à se préoccuper des conséquences sociales de leurs recherches, à l'image du célèbre manifeste Russell-Einstein, formulé en 1955 après l'utilisation de la bombe atomique lors de la Seconde Guerre mondiale [1]. L'idée que les scientifiques ont la responsabilité de réfléchir aux usages potentiels de leurs travaux est présente dans les chartes et guides de bonnes pratiques relatives à la déontologie de la recherche et à l'intégrité scientifique. La Charte européenne du chercheur (2005) affirme ainsi que « les chercheurs devraient centrer leurs travaux de recherche sur le bien de l'humanité et l'extension des frontières de la connaissance ». De même, selon le même texte, leurs travaux doivent être « utiles à la société ». À cela s'ajoute, de manière plus prosaïque, qu'ils « sont également responsables de l'utilisation efficace de l'argent des contribuables ».

Ces affirmations s'opposent à l'idée d'un cloisonnement entre le laboratoire et le monde extérieur. La science, en tant qu'elle est une activité sociale, s'inscrit nécessairement dans une société, et les chercheurs doivent prêter attention aux effets actuels ou possibles de leur travail et à la pluralité des valeurs sociales [2]. La Charte européenne du chercheur (2005) exige ainsi que ces derniers adhèrent « aux pratiques éthiques reconnues et aux principes éthiques fondamentaux de mise

1. Manifeste Russell-Einstein, 9 juillet 1955.

2. K. Shrader-Frechette, *Ethics of scientific research*, Rowman & Littlefield, 1994 ; D. Vinck, « La responsabilité collective : où se joue l'éthique de la recherche ? », *in* M.-F. Chevallier-Le Guyader *et al.*, *Science et société. Les normes en question*, Actes Sud/IHEST, 2014, p. 173 ; L. Coutellec, *La Science au pluriel. Essai d'épistémologie pour des sciences impliquées*, Quae, 2015, spéc. p. 39.

dans leur(s) discipline(s), ainsi qu'aux normes éthiques étayées par les différents codes d'éthique nationaux, sectoriels ou institutionnels ». Les Fonds de recherche du Québec placent « la responsabilité » parmi les valeurs qui sous-tendent l'activité de recherche, celle-ci étant entendue comme la « capacité à rendre compte et à répondre de ses actes [1] ». De même, la Déclaration de Singapour sur l'intégrité scientifique souligne que « les chercheurs et les institutions de recherche devraient reconnaître qu'ils ont une obligation éthique de mettre en balance les bénéfices sociaux et les risques engendrés par leur activité [2] ». Cette mise en balance est particulièrement nécessaire s'agissant de recherches qui présentent des risques particuliers, comme par exemple les expériences de gain de fonction sur les virus pathogènes, le forçage génétique ou la géo-ingénierie.

Les questions relatives à une recherche responsable sont abordées par le Comité consultatif national d'éthique pour les sciences de la vie et de la santé (CCNE) et par son Comité national pilote d'éthique du numérique (CNPEN). Des impératifs éthiques font obstacle à certaines recherches [3]. Ainsi, les recherches impliquant la personne humaine ne peuvent être menées qu'après avis favorable d'un comité de protection des personnes (CPP) (C. santé publ., art. L. 1121-4), qui procède à un examen « scientifique et éthique » de la recherche envisagée (règl. UE 2017/745 du 5 avril 2017, art. 62, § 3). En dehors des recherches impliquant la personne humaine, des comités d'éthique de la recherche institutionnels (CER) rendent des avis éthiques, requis notamment dans le cadre de demandes de financement des recherches, d'appels à projet ou par des revues scientifiques [4]. Contrairement aux comités

1. Fonds de recherche du Québec, *Politique sur la conduite responsable en recherche*, 2022.
2. WCRI, *Singapore Statement on research integrity*, 2010, § 14.
3. K.M. Wulff (eds), *Regulation of Scientific Inquiry. Societal concerns with research*, AAAS, 1979.
4. A.-S. Brun-Wauthier, E. Vergès, G. Vial, « L'éthique scientifique comme outil de régulation : enjeux et dérives du contrôle des protocoles de recherche dans une perspective comparatiste », in *Droit, sciences et techniques, quelles responsabilités ?*, LexisNexis, 2011, p. 61 ; et des mêmes auteurs, « Les comités

de protection des personnes, dont la composition et le fonctionnement sont dictés par le Code de la santé publique, le fonctionnement des comités d'éthique de la recherche est déterminé par les établissements qui les mettent en place.

2. Envers les animaux

La responsabilité des scientifiques ne s'exerce pas exclusivement dans les rapports entre êtres humains. L'exigence d'une recherche responsable a conduit au développement d'un vaste corpus éthique relatif aux recherches impliquant les animaux[1] . Ainsi, une convention du Conseil de l'Europe[2] et une directive de l'Union européenne[3] ont été consacrées à la protection des animaux utilisés à des fins scientifiques. En France, le Code rural et de la pêche maritime interdit les mauvais traitements envers les animaux dans les expériences biologiques, médicales et scientifiques et impose que le recours aux animaux soit limité « aux cas de stricte nécessité » (C. rur., art. L. 214-3 et R. 214-87 et s. ; C. rech., art. L 231-1). Les communautés de recherche concernées ont développé une approche éthique de l'utilisation d'animaux pour la recherche, dite « des 3 R » [4], résumée par les objectifs d'éviter

---

d'éthique pour les recherches non interventionnelles. Méthodologie et enjeux du contrôle *a priori* des projets de recherche », *in* T. Martin (dir.), *Éthique de la recherche et risques humains*, Presses univ. Franche-Comté, 2014, p. 79 ; B. Derbez, « La vertu des sciences sociales à l'épreuve des comités d'éthique de la recherche en santé », *Cah. DST*, n° 16, 2023, p. 43.

1. T.L. Beauchamp, D. DeGrazia, *Principles of animal research ethics*, Oxford University Press, 2020. Le périmètre des animaux concernés est discuté par les scientifiques : ex. insectes (A. Crump *et al.*, « Is it time for insect researchers to consider their subjects' welfare? », *PLoS Biol*, 2023, p. 1), céphalopodes (NIH, *Request for Information (RFI) on proposed guidance to assured institutions on cephalopod care and use (NOT-OD-23-176)*, 2023).

2. Conseil de l'Europe, *Convention européenne sur la protection des animaux vertébrés utilisés à des fins expérimentales ou à d'autres fins scientifiques*, 1985.

3. Dir. 2010/63/UE du 22 sept. 2010 (une première directive 86/609/CEE avait été adoptée en 1986).

4. Cette approche a été théorisée par deux biologistes de l'*Universities Federation for Animal Welfare*, William Russel et Rex Burch (*The Principles of humane experimental technique*, Methuen & Co, 1959).

le recours aux animaux lorsque cela est possible (« remplacer »), réduire le nombre d'animaux utilisés (« réduire »), minimiser la souffrance animale (« raffiner »). Le principe des 3 R est repris par la directive 2010/63 (art. 4) et par le Code rural et de la pêche maritime en France (art. R. 214-105). Tout projet de recherche impliquant des animaux fait, de plus, l'objet d'une évaluation éthique par un Comité d'éthique en expérimentation animale (CEEA) créé au sein de l'établissement utilisateur (C. rur., art. R. 214-117), qui conditionne son autorisation par le ministre chargé de la Recherche (C. rur., art. R. 214-123) ou, le cas échéant, par le ministère de la Défense (C. rur., art. R. 214-127).

À titre consultatif, une Commission nationale pour la protection des animaux utilisés à des fins scientifiques donne des avis sur la réglementation relative à l'expérimentation animale, la formation des personnels et ses conditions de réalisation (C. rur., art. R. 214-130 et s). La Commission abrite également un Comité national de réflexion éthique sur l'expérimentation animale (CNREEA) chargé « d'émettre des avis sur les questions éthiques soulevées par l'expérimentation animale » (C. rur., art. R. 214-134). Ce dernier a élaboré une Charte nationale portant sur l'éthique de l'expérimentation animale (2008, 2014) soulignant que « l'éthique de l'expérimentation animale est fondée sur le devoir qu'a l'homme de respecter les animaux en tant qu'êtres vivants et sensibles, susceptibles de ressentir douleur, souffrance et angoisse » (art. 1). Cette charte oriente l'évaluation éthique du recours aux animaux en recherche. Plus récemment, une Charte de transparence sur le recours aux animaux à des fins scientifiques et réglementaires en France (2021) a été élaborée par l'association Gircor, à la demande du ministère de l'Enseignement supérieur et de la Recherche, et signée par plus de trente opérateurs de recherche et entreprises privées [1]. Cette charte vise à rendre accessible au public l'information sur le recours aux animaux et sur ses justifications.

---

1. https://www.gircor.fr/

3. Envers l'environnement

L'éthique de la recherche implique également une attention aux effets négatifs de la recherche sur l'environnement, aussi bien dans les applications de la recherche que concernant la réalisation de la recherche elle-même[1]. Ainsi, l'Unesco recommande aux chercheurs de « chercher à réduire au minimum les effets nocifs sur les sujets vivants de recherche et sur l'environnement naturel » et indique qu'ils « doivent être conscients de la nécessité de gérer les ressources de manière durable », de « contribuer de façon constructive [...] à la protection de l'environnement », et de « veiller à réduire au maximum les dommages éventuels sur chaque sujet vivant de recherche et sur l'environnement »[2]. De même, le Code de conduite européen (ALLEA, 2023) mentionne le « respect de l'environnement » parmi les principes fondamentaux de l'intégrité scientifique. Les Fonds de recherche du Québec soulignent que « l'inclusion des principes de développement durable lors de la conception et de la réalisation de projets de recherche enrichit ces derniers[3] ». Au sein de l'Union européenne, les personnes candidates à certains contrats de recherche du programme Horizon Europe[4] doivent justifier que la méthodologie de recherche qu'elles entendent mettre en œuvre ne porte pas atteinte de manière significative à l'un des six objectifs environnementaux adoptés dans le cadre du *Green Deal* européen[5].

1. K. Shrader-Frechette, *Ethics of scientific research*, *op. cit.*, p. 13.
2. Unesco, *Recommandation concernant la science et les chercheurs scientifiques*, 2017.
3. Fonds de recherche du Québec, *Politique sur la conduite responsable en recherche*, 2022.
4. Standard Application Form (HE RIA, IA, part B), 2 oct. 2023 : « Methodology » ; HE Programme Guide, v4, 15 oct. 2023 : « 15. Do no significant harm principle ».
5. Règlement (UE) 2020/852 du 18 juin 2020, art. 9 : l'atténuation du changement climatique, l'adaptation au changement climatique, l'utilisation durable et la protection des ressources aquatiques et marines, la transition vers une économie circulaire, la prévention et la réduction de la pollution, la protection et la restauration de la biodiversité et des écosystèmes.

En dépit de l'étroitesse de l'approche tenue par la Charte française de déontologie des métiers de la recherche (2015), qui se borne à envisager l'environnement sous l'angle du respect de la législation – chaque chercheur doit se tenir informé et respecter les dispositifs législatifs et réglementaires « s'agissant notamment des recherches sur l'être humain, l'animal et l'environnement » (§ 1) –, le comité d'éthique du CNRS a souligné la responsabilité éthique des chercheurs de minimiser l'impact négatif que leurs recherches peuvent avoir sur l'environnement. Une position analogue a été adoptée par le comité d'éthique commun à l'INRAE, le Cirad, l'Ifremer et l'IRD [1]. Le COMETS relève que « la recherche scientifique doit [...] s'inscrire dans un contexte social marqué par la crise environnementale et accompagner la société dans les défis et transformations requis [2] ». Ce constat conduit le COMETS à estimer « que la prise en compte de l'environnement fait partie intégrante de l'éthique de la recherche ». Les scientifiques ont donc la responsabilité de penser leur activité au regard des enjeux environnementaux, non seulement en ce qui concerne l'empreinte des pratiques de recherche mais aussi, plus généralement, le choix des sujets de recherche et des voies pour les traiter. Par comparaison avec l'évaluation éthique des recherches interventionnelles impliquant la personne humaine ou avec l'éthique animale, la manière d'évaluer le respect de l'éthique environnementale est bien moins solidement établie. Un rapport de l'ALLEA décline cependant les mesures à prendre par l'ensemble des acteurs de la recherche pour atteindre un système de recherche soutenable [3], depuis les scientifiques jusqu'aux institutions de recherche, les organismes de financement, les organisateurs de conférences scientifiques, les étudiants.

1. Éthique en commun, « Quels droits et devoirs pour les scientifiques et leurs institutions face à l'urgence environnementale ? », 2023.
2. COMETS, avis n° 2022-43 : « Intégrer les enjeux environnementaux à la conduite de la recherche. Une responsabilité éthique ».
3. ALLEA, *Towards Climate Sustainability of Academic System in Europe and beyond*, 2022.

À retenir

Les normes déontologiques applicables à l'activité de recherche imposent aux scientifiques d'adopter une attitude professionnelle et de mener une recherche intègre, ouverte et responsable.

L'attitude professionnelle attendue des scientifiques leur impose de se conformer aux obligations découlant du droit positif, de faire preuve de respect vis-à-vis de leurs collègues de travail, des chercheurs en formation, des étudiants, de respecter les règles relatives au cumul d'activités et aux conflits d'intérêts.

L'exigence d'une recherche intègre impose aux scientifiques de faire preuve d'honnêteté et d'objectivité dans leurs travaux, de reconnaître la qualité d'auteur à toute personne qui a apporté une contribution substantielle à la recherche, de permettre, dans la mesure du possible, la reproductibilité des résultats de recherche.

L'exigence d'une science ouverte demande de rendre les résultats de recherche disponibles au public, dans le respect du droit de la propriété intellectuelle. La politique de science ouverte menée par de nombreux États impose aux scientifiques de rendre leurs données et leurs résultats de recherche faciles à trouver, accessibles, interopérables et réutilisables.

L'exigence d'une recherche responsable impose aux scientifiques de veiller à minimiser l'impact négatif de leur activité sur les sociétés humaines, les animaux et l'environnement. Elle encourage à donner à la recherche les effets les plus bénéfiques pour les sociétés humaines, les animaux, l'environnement.

CHAPITRE 3

ACTIVITÉ D'ÉVALUATION

Le fonctionnement de l'université et de la recherche reposant dans une large mesure sur l'engagement des pairs, les scientifiques sont régulièrement amenés à réaliser des évaluations, qu'il s'agisse d'attribuer un financement à un projet de recherche, d'accorder une promotion, de donner un avis sur l'opportunité de la publication d'un article dans une revue à comité de lecture, d'évaluer un laboratoire de recherche, ou encore de donner un avis sur l'opportunité du recrutement d'un scientifique. Ainsi que l'énonce le COMETS : « Le milieu de la recherche, particulièrement de la recherche publique, baigne dans l'évaluation. L'analyse d'un article par une revue, le recrutement d'un chercheur, la décision sur l'opportunité de la construction d'un instrument ou d'un appareil sophistiqué, l'examen des activités d'un laboratoire, les réponses à un appel d'offre, requièrent examen critique, appréciation de l'originalité, évaluation des coûts et des risques, paris sur l'avenir, et donc comparaisons et choix, toutes démarches qui sont au cœur des processus d'évaluation.[1] »

---

1. COMETS, avis 2004-08 : « Éthique et évaluation ».

Sur le plan éthique [1], l'évaluation repose sur des principes de transparence, impartialité, confidentialité et qualité. Ceux-ci imposent que les évaluateurs disposent des compétentes et des moyens matériels pour mener à bien l'évaluation, d'expliciter les critères d'évaluation retenus, de limiter les réseaux d'influence. La motivation de l'évaluation doit être « précise et argumentée et doit éviter les sous-entendus et les jugements ambigus [2] ». Si la transparence s'impose concernant le résultat de l'évaluation, il n'en va pas de même des délibérations du comité d'évaluation qui, elles, sont couvertes par la confidentialité (Charte française de déontologie des métiers de la recherche, § 5). Un risque existe en effet que les informations recueillies par les évaluateurs soient utilisées par ces derniers pour nourrir leurs propres recherches. Une telle pratique constituerait un détournement de la fonction d'évaluation et ruinerait la confiance placée dans ces procédures. Pour cette raison, nombre de chartes et codes professionnels insistent sur l'obligation pesant sur les évaluateurs de « s'interdire l'utilisation des données communiquées pendant la procédure d'évaluation [3] ».

1 / Absence de conflits d'intérêts

L'évaluation doit reposer sur un jugement objectif des pairs et non biaisé par des considérations qui n'ont pas lieu d'entrer en ligne de compte. La prévention et la cessation des conflits d'intérêts fait partie des obligations déontologiques que la loi impose aux agents publics : « L'agent public veille

1. COMETS, avis 2004-08 (préc.) ; COMETS, avis 2012-00 : « Charte déontologique de l'évaluateur » ; ALLEA, *The European Code of conduct for research integrity*, 2023, § 2.8.
2. COMETS, avis 2004-08, préc.
3. *Charte française de déontologie des métiers de la recherche*, 2015, § 5 ; COMETS, avis 2004-08, préc. ; *Deutsche Forschungsgemeinschaft* (German Research Foundation), *Guidelines for safeguarding good research practice. Code of conduct*, 2019, Guideline 16 ; ALLEA, *The European Code of conduct for research integrity*, 2023, § 2.8.

à prévenir ou à faire cesser immédiatement les situations de conflit d'intérêts [...] dans lesquelles il se trouve ou pourrait se trouver. [1] » Le Code général de la fonction publique définit le conflit d'intérêts comme « toute situation d'interférence entre un intérêt public et des intérêts publics ou privés qui est de nature à influencer ou paraître influencer l'exercice indépendant, impartial et objectif des fonctions de l'agent public » (art. L. 121-5). Ainsi, lorsqu'ils appartiennent à une instance collégiale – ce qui est le cas de nombreuses situations d'évaluation auxquelles participent les scientifiques –, les agents publics doivent s'abstenir d'y siéger ou, le cas échéant, de délibérer (CGFP, art. L. 122-1). La Charte déontologique du CNRS (2018) rappelle également que l'obligation d'impartialité « dans les activités de recherche ou dans le traitement des dossiers de quelque nature qu'ils soient » est étroitement liée à l'obligation de neutralité qui pèse sur les agents publics. Pour la mise en œuvre des règles déontologiques particulières aux fonctionnaires, les scientifiques qui exercent comme agents publics peuvent demander conseil au référent déontologue mis en place dans leur établissement [2].

Au-delà du cas particulier des agents publics, l'impartialité de l'évaluation s'impose à tous les scientifiques. La Charte française de déontologie des métiers de la recherche (2015) réaffirme cette exigence, indépendamment du statut d'emploi des personnes intervenant dans l'évaluation : « Lors de l'évaluation d'un projet de recherche, d'un laboratoire ou d'un collègue, le chercheur examine tous les dossiers avec impartialité, en déclarant ses liens d'intérêts et en se récusant s'il constate un conflit potentiel d'intérêts, incompatible avec l'exercice impartial de l'évaluation. » L'impartialité de l'évaluation et l'absence de conflit d'intérêts sont requises également par la Charte de déontologie et d'intégrité scientifique (2019) de l'Agence nationale de la recherche.

---

1. CGFP, art. L. 121-4. Voir J. Moret-Bailly, *Les Conflits d'intérêts. Définir, gérer, sanctionner*, LGDJ, 2014.
2. Voir *supra*, p. 93.

Cette exigence doit conduire les instances chargées de l'évaluation de la recherche à établir une liste des liens d'intérêts potentiellement problématiques et les conséquences qu'il convient d'en tirer (abstention de s'exprimer sur le dossier du candidat concerné, retrait de l'instance d'évaluation). Le Conseil australien de la recherche énonce ainsi une liste non exhaustive des liens d'intérêts qui doivent être signalés par les scientifiques [1].

2 / Critères d'évaluation

Les critères pris en compte pour mener les évaluations sont susceptibles d'avoir une incidence sur l'intégrité scientifique. En effet, une évaluation qui reposerait exclusivement sur des indicateurs bibliométriques et des mesures d'impact peut encourager les chercheurs à multiplier artificiellement le nombre de leurs publications, à fabriquer des données pour être publiés, voire à pousser des revues à mettre en place des cartels de citations croisées [2]. Dans un tel contexte, l'article scientifique cesse d'être une unité de connaissance pour devenir une unité de mesure d'impact [3]. Ces scores numériques peuvent peser sur la carrière individuelle des chercheurs comme sur l'évaluation de leurs

1. Australian Research Council, *ARC conflict of interest & confidentiality policy*, déc. 2022.
2. Y. Gingras, *Les Dérives de l'évaluation de la recherche. Du bon usage de la bibliométrie*, Raisons d'agir, 2014 ; I. Oransky, A. Marcus, A. Abritis, « How bibliometrics and school rankings reward unreliable science », *BMJ*, vol. 382, 2023, p. 1887 ; L. Bornmann, « Measuring impact in research evaluations : a thorough discussion of methods for, effects of and problems with impact measurements », *High Educ*, vol. 73, 2017, p. 775 ; N. Aubert Bonn, W. Pinxten, « Advancing science or advancing careers ? Researchers' opinions on success indicators », *PLoS One*, vol. 16, n° 2, 2021, e0243664.
3. Y. Gingras, « Les transformations de la production du savoir : de l'unité de connaissance à l'unité comptable », *Zilsel*, n° 4, 2018, p. 139 ; M. Biagioli, A. Lippman (eds), *Gaming the metrics…, op cit.* ; A.K. Krüger, S. Petersohn, « From research evaluation to research analytics. The digitization of academic performance measurement », *Valuation Studies*, vol. 9, n° 1, 2022, p. 11.

institutions [1] et leur capacité à accéder à des financements. Le développement par le ministère français de la Santé d'un système de points SIGAPS (Système d'interrogation, de gestion et d'analyse des publications scientifiques) destiné à valoriser les publications médicales en est une illustration remarquable. Le score obtenu par une publication, par référence au facteur d'impact de la revue et au rang des auteurs, est converti en subventions publiques pour la recherche [2]. Un tel système est critiqué par l'Académie des sciences [3].

Le Code de conduite européen pour le recrutement des chercheurs (2005) plaide pour que l'évaluation des chercheurs prenne en compte le potentiel global des chercheurs, leur créativité et leur degré d'indépendance. Le Code européen insiste également sur la nécessité de ne pas réduire l'évaluation au nombre de publications. Si l'utilisation d'indicateurs bibliométriques n'est pas exclue, celle-ci devrait être pondérée par d'autres critères d'évaluation, comme l'enseignement, la supervision d'étudiants, le travail en équipe, le transfert de connaissances, la gestion de la recherche, l'innovation, la sensibilisation du public. De même, les interruptions de carrière ne devraient pas être pénalisées mais prises en compte « comme une contribution potentiellement précieuse au développement professionnel des chercheurs vers un parcours professionnel multidimensionnel ». Il en va de même des éventuelles mobilités géographiques ou changements de discipline. Le Code européen du chercheur (2005) souligne que « lors de l'évaluation du personnel, les institutions devraient réserver un accueil favorable

1. R. Whitley, J. Gläser (dir.), *The Changing Governance of the sciences. The advent of research evaluation systems*, Springer, 2007 ; F. Shu, S. Liu, V. Larivière, « China's research evaluation reform : what are the consequences for global science ? », *Minerva*, vol. 60, 2022, p. 329.

2. L. Benoit, « Qui veut gagner des points SIGAPS ? », *Med Sci*, vol. 38, n° 2, 2022, p. 215.

3. *Avis du Comité Évaluation et Science ouverte (CoÉSO) de l'Académie des sciences sur le score SIGAPS*, 2023.

à la collaboration entre auteurs, qui témoigne d'une approche constructive à la réalisation de la recherche » et que l'évaluation des chercheurs devrait tenir compte du travail de réplication qu'ils effectuent [1]. Dans le prolongement des recommandations du comité d'éthique du CNRS [2], le Comité national de la recherche scientifique, chargé de l'évaluation des chercheurs de cet organisme de recherche, encourage à prendre en compte les efforts que font les scientifiques pour réduire l'impact négatif de leur recherche sur l'environnement [3].

En réaction à la place prise par le facteur d'impact dans l'évaluation des chercheurs et des établissements, un groupe de rédacteurs en chef de revues scientifiques réuni dans le cadre de la société américaine de biologie cellulaire a produit en 2012 des recommandations, réunies dans la Déclaration de San Francisco sur l'évaluation de la recherche (*Declaration on research assessment* : DORA). Cette déclaration s'ouvre sur une « recommandation générale » de « ne pas utiliser les indicateurs basés sur les revues, tels que les facteurs d'impact, comme succédané d'appréciation de la qualité des articles de recherche individuels, pour évaluer les contributions d'un scientifique en particulier ou pour prendre des décisions en matière de recrutement, de promotion ou de financement ». L'évaluation ne doit donc pas s'opérer sur la base exclusive d'indicateurs quantitatifs mais inclure également une variété de critères, y compris qualitatifs, fondés sur la valeur scientifique des contributions apportées. De même, l'impact des publications ne devrait pas s'apprécier seulement par référence aux citations reçues [4]. Les critères retenus par les organismes chargés de l'évaluation doivent être rendus publics.

1. F. Romero, « Who should do replication labor ? », *Advances in Methods and Practices in Psychological Science*, vol. 1, n° 4, 2018, p. 516.
2. COMETS, avis 2022-43, préc.
3. Comité national de la recherche scientifique, *L'Évaluation de la recherche à l'heure des défis environnementaux*, Groupe de travail Sobriété et Recherche, oct. 2023.
4. La création de métriques alternatives tente de donner une mesure élargie de l'impact : voir J. Lin, « Altmetrics gaming : beast within or without ? », *in* M. Biagioli, A. Lippman (eds), *Gaming the metrics…, op cit.*, p. 213.

Un grand nombre d'institutions de recherche (87 en France en 2023 [1]) ont souscrit à la Déclaration de San Francisco sur l'évaluation de la recherche et se sont engagées à mettre ses principes en œuvre.

Cette déclaration a également été prolongée et appuyée par d'autres initiatives internationales [2]. Ainsi, en 2015, un Manifeste de Leiden pour la mesure de la recherche a proposé dix principes pour renouveler l'évaluation en recherche [3]. De même, les « Principes » développés lors de la 6e Conférence mondiale sur l'intégrité scientifique tenue à Hong Kong en 2019 [4] insistent sur la nécessité de prendre en compte, pour l'évaluation des chercheurs, une large palette d'activités (enseignement, encadrement, réalisation d'évaluations) et toutes les pratiques de recherche depuis leur conception jusqu'à leur diffusion, y compris lorsque les recherches réalisées sont des réplications, traductions, synthèses, méta-analyses. Plus récemment, un accord européen porté par la *Coalition on Advancing Research Assessment* (CoARA), auquel adhèrent plus de 350 organismes scientifiques (signé en France par l'ANR, le CNRS, le Hcéres, l'INSERM, France Universités...), affirme la nécessité d'une évaluation qualitative au détriment des indicateurs chiffrés [5]. Chez les scientifiques, ces initiatives font écho à l'affirmation de la nécessité de ralentir l'activité de recherche, pour la recentrer sur la coopération plutôt que sur la compétition [6].

1. https://sfdora.org/signers/?_organization_country=france
2. G. Peruginelli, J. Pölönen, « The legal foundation of responsible research assessment : an overview on European Union and Italy », *Res Eval*, vol. 32, 2023, p. 670.
3. D. Hicks *et al.*, « The Leiden Manifesto for research metrics », *Nature*, vol. 520, 23 avril 2015, p. 429.
4. D. Moher *et al.*, « The Hong Kong Principles for assessing researchers : fostering research integrity », *PLoS Biol*, vol. 18, n° 7, 2020, e3000737.
5. *Agreement of Reforming Research Assessment*, 20 juillet 2022.
6. M. Berg, B. Seeber, *The Slow Professor. Challenging the culture of speed in the academy*, University of Toronto Press, 2016 ; J. Candau, « *Slow science* : l'appel de 2010 douze ans après », *Socio*, vol. 17, 2023, p. 37. Voir aussi la « Charte de la désexcellence », 2014.

3 / Règles particulières aux recrutements

La participation à des procédures de recrutement constitue une activité d'évaluation particulière. Les scientifiques sont appelés à siéger dans des comités qui évaluent les candidatures d'autres scientifiques à des postes permanents ou temporaires dans des institutions d'enseignement supérieur et de recherche. La décision de recrutement est prise *in fine* par le ministre chargé de l'Enseignement supérieur, qui peut déléguer ce pouvoir aux présidents des universités et des organismes de recherche (C. éduc., art. L. 951-2-1). S'agissant du recrutement des enseignants-chercheurs, le Code de l'éducation précise que le comité de sélection chargé du recrutement des enseignants-chercheurs est composé de pairs pour moitié au moins extérieurs à l'établissement, d'un rang au moins égal à celui postulé par l'intéressé, choisis en raison de leur compétence et, dans la mesure du possible, reflétant une représentation équilibrée entre les femmes et les hommes (C. éduc., art. L. 952-6-1). Le principe à valeur constitutionnelle d'égal accès aux emplois publics exige de la part des membres du comité de sélection un examen impartial des candidatures. À cela s'ajoute, conformément au droit commun, la prohibition des discriminations dans le processus de recrutement. Le Code européen de conduite pour le recrutement des chercheurs énonce que, « à l'issue du processus de sélection, [les candidats] devraient également être informés des points forts et des points faibles de leur candidature ».

La loi donne peu d'indications sur la façon dont l'évaluation doit être menée, en dehors du fait que celle-ci doit tenir compte de l'ensemble des fonctions confiées par la loi aux enseignants-chercheurs (C. éduc., art. L. 952-6, al. 3). Plusieurs chartes et codes de conduite précisent les obligations déontologiques liées à l'activité d'évaluation. Il est ainsi attendu des employeurs et bailleurs de fonds qu'ils établissent des procédures de recrutement ouvertes, efficaces, transparentes, favorables, comparables à l'échelle internationale, et adaptées aux types de postes publiés (Charte européenne du chercheur et Code européen pour le recrutement des chercheurs, 2005). Ces exigences portent sur la composition des comités de sélection (compétences diverses et appropriées, équilibre adéquat entre femmes et hommes, formation) et des procédures suivies (publicité des procédures, des critères de sélection, du nombre de postes disponibles, des perspectives de carrière ; information sur l'appréciation portée sur la candidature).

Le Conseil d'État indique que « la seule circonstance qu'un membre du jury d'un concours connaisse un candidat ne suffit pas à justifier qu'il s'abstienne de participer aux délibérations de ce concours ». Il en va autrement, en application du principe d'impartialité, « si un membre du jury d'un concours a avec l'un des candidats des liens, tenant à la vie personnelle ou aux activités professionnelles, qui seraient de nature à influer sur son appréciation ». Cette situation doit conduire la personne concernée à s'abstenir de participer aux interrogations et aux délibérations « concernant non seulement ce candidat, mais encore l'ensemble des candidats au concours ». Plus généralement, en vertu des principes d'unicité du jury et d'égalité des candidats, un scientifique doit s'abstenir de participer au jury de concours s'il « a des raisons de penser que son impartialité pourrait être mise en doute ou [s'il] estime, en conscience, ne pas pouvoir participer aux délibérations avec l'impartialité requise [1] ». Ces exigences suscitent parfois des difficultés, les scientifiques ayant de nombreuses occasions d'interagir, surtout dans des communautés de recherche rendues étroites par la spécialisation. Face à cette situation, le Conseil d'État admet

1. CE, 4e et 5e ch. réunies, 17 oct. 2016, n° 386400, *Rec. Tables* ; CE, 4e et 5e ch. réunies, 7 juin 2017, n° 382986 ; CE, 12 juin 2019, n° 409394 ; CE, 4e et 1re ch. réunies, 13 oct. 2023, n° 461026, *Rec. Lebon*, *AJDA*, 2023, p. 1961, obs. Melleray. Voir A. Zarka, « Recrutements universitaires et impartialité des jurys de concours : valse-hésitation au Conseil d'État », *Actualité juridique Fonction publique*, 2017, 263 ; G. Odinet, S. Roussel, « Impartialité et unicité des jurys de concours : l'épreuve du réel », *AJDA*, 2017, p. 1448. Comp. avec la situation du jury d'examen, où le manque d'impartialité conduit seulement à s'abstenir d'interroger les candidats concernés, sans interdire de participer à l'interrogation des autres candidats : CE, 18 juillet 2008, n° 291997.

qu'il soit tenu compte de « la nature hautement spécialisée du recrutement et le faible nombre de spécialistes de la discipline susceptibles de participer au comité de sélection [1] », sans que cela n'empêche de mettre en cause de l'impartialité des membres du jury [2].

C'est donc l'intensité du lien d'intérêts entre le candidat et le membre du jury qui doit être appréciée [3]. Des liens d'intérêts légers peuvent en outre, s'ils se cumulent, caractériser un manque d'impartialité [4]. Cependant, ces situations sont très loin de couvrir toutes les hypothèses et les institutions chargées de l'évaluation devraient *a minima* clarifier et rendre publiques les règles dont elles se dotent en matière de gestion des conflits d'intérêts et veiller à organiser des procédures internes de déclaration des liens d'intérêts. Elles peuvent pour cela s'appuyer sur les principes énoncés par le Collège de déontologie du ministère de l'Enseignement supérieur et de la Recherche pour le recrutement des enseignants-chercheurs [5]. Ceux-ci ont vocation, selon le Collège, à être suivis par les concours nationaux d'agrégation, les concours de recrutement au CNRS, le recrutement de personnels BIATSS des universités.

La Stratégie européenne de ressources humaines pour les chercheurs (*Human resources strategy for researchers* – HRS4R) décline de manière opérationnelle les exigences décrites dans le Code européen pour le recrutement des chercheurs et la Charte européenne du chercheur. Les établissements d'enseignement supérieur et de recherche qui se

1. CE, 4e et 1re ch. réunies, 12 juin 2019, n° 409394.
2. CE, 4e et 5e ch. réunies, 17 oct. 2016, n° 386400, *Rec. Tables*.
3. Voir *Lettre d'information juridique* (ministère de l'Éducation nationale), n° 199, 2017 ; Ch. Fortier, « Le Conseil d'État, juge du recrutement des universitaires », *in* J. Caillosse et O. Renaudie (dir.), *Le Conseil d'État et l'Université*, Dalloz, 2015, p. 47 ; dans le même volume : G. Dumortier, « Les spécificités du contentieux universitaire », p. 69.
4. CE, 4e et 1re ch. réunies, 13 oct. 2023, n° 461026, préc.
5. Collège de déontologie, *Principes de nature à renforcer l'impartialité des membres des comités de sélection des enseignants-chercheurs de statut universitaire*, 14 déc. 2018, BO ESR 8/2019.

conforment à ces exigences peuvent se voir délivrer le label « *HR Excellence in Research* ».

À retenir

Les scientifiques consacrent une part importante de leur activité à l'évaluation d'articles de recherche, de projets de recherche, de chercheurs, d'institutions.

Dans le cadre de ces évaluations, les règles déontologiques visent à éviter que des conflits d'intérêts privent l'évaluation d'impartialité.

L'évaluation uniquement quantitative des chercheurs et des institutions de recherche est considérée comme un facteur favorisant des pratiques contraires à l'intégrité scientifique. Une évaluation qualitative est encouragée afin de réduire ce risque.

Les règles déontologiques s'appliquent aussi aux évaluations des personnes en vue d'un recrutement. La transparence des liens d'intérêts a ici une importance particulière.

CHAPITRE 4

ACTIVITÉ D'EXPERTISE

Une loi n° 2006-450 du 18 avril 2006 a intégré l'expertise scientifique parmi les missions confiées aux personnels de la recherche (C. rech., art. L. 411-1, f). Ce terme désigne le fait pour un scientifique de donner un avis, à partir de ses compétences scientifiques, en vue d'éclairer un processus de décision. Des scientifiques peuvent être sollicités comme experts dans un procès, à la demande d'une partie ou du juge. Ils contribuent aussi à des expertises réalisées par des autorités publiques, comme l'ANSES ou l'IRSN, ou des instances intergouvernementales comme le Groupe d'experts intergouvernemental sur l'évolution du climat (GIEC) ou la Plateforme intergouvernementale scientifique et politique sur la biodiversité et les services écosystémiques (*Intergovernmental Science-Policy Platform on Biodiversity and Ecosystem Services* : IPBES). Certains organismes de recherche comme l'INSERM, et plus récemment le CNRS [1], élaborent aussi des expertises collectives sur certains sujets, afin de faire le point sur les connaissances acquises. Ces expertises sont réalisées le plus souvent par des groupes d'experts, réunissant des compétences variées ; elles sont parfois individuelles.

1. Le CNRS a créé en 2022 une Mission pour l'expertise scientifique chargée de coordonner des expertises réalisées par le CNRS. La réflexion éthique sur l'expertise au CNRS avait été amorcée par le COMETS dans son avis 2005-11 « Éthique et expertise scientifique ».

Certaines situations d'expertise sont régies par des règles législatives. Ainsi, le scientifique désigné comme expert judiciaire « doit accomplir sa mission avec conscience, objectivité et impartialité [1] ». De même, les personnes participant directement au service public de la recherche qui sont sollicitées à titre personnel par le Parlement ou les autres pouvoirs publics pour réaliser une mission d'expertise sont tenues d'établir préalablement à l'acceptation de cette mission une déclaration d'intérêts [2].

En plus de ces textes spécifiques, des chartes relatives à l'expertise mettent en avant un certain nombre d'exigences déontologiques [3] : compétence scientifique et technique des experts dans le domaine concerné, indépendance de l'expertise vis-à-vis de l'autorité en charge de la prise de décision, prévention des conflits d'intérêts, transparence des procédures et des avis. L'ouverture à des représentants des parties prenantes dans le domaine concerné est également identifiée comme un gage de qualité de l'expertise.

En France, le comité opérationnel « recherche » du Grenelle de l'environnement (2007) avait recommandé l'adoption d'une charte nationale destinée à harmoniser les pratiques des établissements de recherche publique en matière d'expertise scientifique et technique [4]. Cela a été fait par le ministère de l'Enseignement supérieur [5] en 2010. La Charte nationale de l'expertise est applicable « à toutes

1. Code de procédure civile, art. 237.
2. C. rech., art. L. 411-5 et R. 411-5 et s.
3. Ces principes sont synthétisés dans la *Note sur les éléments essentiels de la déontologie de l'expertise publique* publiée par la Commission nationale de la déontologie et des alertes en santé publique et environnement (mai 2023).
4. Plusieurs organismes de recherche exerçant des activités d'expertise s'étaient déjà dotés d'une charte d'expertise : Bureau de recherches géologiques et minières, Centre national du machinisme agricole du génie rural, des eaux et des forêts (Cemagref/IRSTEA), Cirad, Ifremer, INRA, IRD.
5. La Charte a été élaborée, sur la demande du ministère, par le président de l'Ifremer (J.-Y. Perrot), le directeur général du Cemagref (R. Genet) et le directeur général pour la recherche et l'innovation du ministère (G. Bloch).

les formes d'expertises scientifiques et techniques susceptibles d'être exercées par ces établissements : expertises institutionnelles au sens de la norme Afnor NF X 50-110 [1], individuelles ou collectives, et ce quelle qu'en soit l'origine : saisine interne, commanditaire public ou privé ». La charte insiste sur la nécessité d'une convention précisant les termes de la mission confiée aux experts. L'opérateur de recherche doit rendre accessibles les éléments qui fondent la compétence des experts, l'existence d'éventuels liens d'intérêts, les sources qui fondent les conclusions du rapport d'expertise, les points sur lesquels l'état des connaissances ne permet pas de trancher avec certitude, les éventuelles controverses scientifiques. Les opérateurs de recherche s'engagent également à prendre en compte la réalisation d'activités d'expertise dans l'évaluation des chercheurs. Si l'existence d'un risque, notamment environnemental ou sanitaire est révélé à l'occasion de l'expertise, l'opérateur de recherche s'engage à s'en saisir et à envisager les suites à y donner en termes d'expertise. Dans les années qui ont suivi son adoption, la Charte nationale de l'expertise a été déclinée et précisée au sein des principaux opérateurs de recherche français, parfois en remplacement des chartes existantes [2], et dans de nombreuses universités. La création d'une Mission pour l'expertise scientifique au CNRS en 2022, chargée de coordonner des expertises réalisées par le CNRS, a donné lieu à la rédaction d'une Charte de l'expertise scientifique institutionnelle au CNRS (2022), dont les principes s'inspirent de la Charte nationale de l'expertise. Le respect de la

1. Selon cette norme, le terme « expertise » désigne un « ensemble d'activités ayant pour objet de fournir à un client, en réponse à la question posée, une interprétation, un avis ou une recommandation aussi objectivement fondés que possible, élaborés à partir des connaissances disponibles et de démonstrations accompagnées d'un jugement professionnel ».

2. Charte de l'expertise de l'INSERM, 2010 ; Charte de l'expertise du Bureau de recherches géologiques et minières, 2010 ; Charte de l'expertise et de l'avis à l'Ifremer, 2010 ; Charte de l'expertise au CNRS, 2011 ; Charte INRA de l'expertise scientifique institutionnelle, 2011...

Charte nationale de l'expertise est, de plus, exigé par la Charte française de déontologie des métiers de la recherche (2015) qui indique que, « pour une expertise exercée au titre de l'institution, le chercheur se doit de respecter les termes de la Charte nationale de l'expertise et de sa déclinaison à l'échelle de son institution d'appartenance ».

Dans le domaine sanitaire, la loi Bertrand du 29 décembre 2011, adoptée peu de temps après la révélation du scandale du Médiator, a précisé que l'expertise sanitaire « répond aux principes d'impartialité, de transparence, de pluralité et du contradictoire » (C. santé publ., art. L. 1452-1). Une Charte de l'expertise sanitaire, approuvée par décret en Conseil d'État, gouverne les expertises réalisées dans les domaines de la santé et de la sécurité sanitaire à la demande du ministre chargé de la Santé ou de certaines autorités ou établissements intervenant dans ce domaine [1]. Publiée par le décret n° 2013-413 du 21 mai 2013, la Charte de l'expertise sanitaire impose la publicité du processus de désignation des experts et une concertation sur l'objet et le calendrier de l'expertise. Les experts doivent présenter une compétence suffisante pour réaliser les missions qui leur sont confiées et présenter des garanties d'expérience et d'indépendance. À cette fin, doivent être mises en place des règles de prévention et de gestion des conflits d'intérêts, reposant sur des déclarations publiques d'intérêts [2] et dont les conséquences sont précisément détaillées. Les travaux d'expertise doivent s'appuyer sur « la complétude des données ou de l'état des connaissances existant sur la question posée ; la confrontation de différentes opinions, thèses ou écoles de pensées ; l'expression et l'argumentation d'éventuelles positions divergentes ».

---

1. Parmi les organismes concernés, les plus susceptibles de recourir à l'expertise de scientifiques sont : l'ANSES, l'Agence nationale de santé publique, l'Institut national du cancer, l'Agence de la biomédecine, l'Agence nationale de sécurité du médicament et des produits de santé, la Haute Autorité de santé, l'Institut de radioprotection et de sûreté nucléaire et l'Autorité de sûreté nucléaire.
2. Celles-ci sont réalisées suivant un document type prévu à l'article R. 1451-2 du Code de la santé publique.

Enfin, une Charte de l'ouverture à la société des organismes publics de recherche, d'expertise et d'évaluation des risques sanitaires et environnementaux a été signée en 2008 par trois établissements, avant d'être progressivement élargie à de nouveaux signataires (huit en 2020). Ordonnée autour de six engagements généraux, cette charte s'affiche comme visant à « enrichir » les travaux d'expertise « à travers un dialogue renforcé avec la société » et par la création de comités consultatifs associant des citoyens et des acteurs associatifs à l'expertise.

Les principales autorités et agences qui recourent à l'expertise se sont dotées, en interne, de chartes déontologiques visant à assurer la qualité des expertises, en particulier mettant en place des procédures de gestion des conflits d'intérêts [1]. Il en va de même des expertises réalisées par des scientifiques pour des instances intergouvernementales comme le GIEC [2] ou l'IPBES [3]. Dans le cadre de l'Union européenne, les agences d'expertise (par exemple l'Autorité européenne de sécurité des aliments ou l'Agence européenne des produits chimiques) ont également établi des procédures pour recueillir les éventuels liens d'intérêts des experts, non sans laisser subsister des différences entre les agences nationales d'expertise impliquées dans les procédures d'évaluation [4].

1. Par ex. : Code de déontologie de l'expertise de l'ANSES (2018), Charte de déontologie de l'ANSM (2020)...
2. O. Leclerc, « Procedures », *in* K. De Pryck, M. Hulme (eds), *A Critical Assessment of the intergovernmental panel on climate change*, Cambridge University Press, 2022, p. 19.
3. O. Leclerc, « Expertise », *Cah. DST*, n° 4, 2014, p. 291.
4. G. Karr *et al.*, « Management of links of interest in European Union expertise authorities dealing with plant protection products : comparative analysis and recommendations », *Environmental Sciences Europe*, vol. 35, 2023, p. 96.

À retenir

Une partie de l'activité des scientifiques consiste en la réalisation d'expertises au profit de commanditaires publics ou privés.

Ces expertises doivent être menées avec honnêteté et impartialité.

Les scientifiques peuvent être tenus de renseigner des déclarations d'intérêts.

La Charte de l'ouverture à la société des organismes publics de recherche, d'expertise et d'évaluation des risques sanitaires et environnementaux encourage un dialogue renforcé avec la société dans le cadre de l'expertise.

TROISIÈME PARTIE

TRAITEMENT DES MANQUEMENTS

Comment éviter les problèmes d'intégrité scientifique ? Que faire face à un manquement présumé à l'intégrité scientifique ? La prévention apparaît à l'évidence préférable, afin d'éviter qu'il ne survienne ou de corriger rapidement des pratiques douteuses. Mais, si l'existence d'un manquement à l'intégrité scientifique est bel et bien soupçonnée, s'ouvre une séquence destinée à l'établir et, le cas échéant, à le sanctionner.

CHAPITRE 1

PRÉVENTION

La prévention des manquements à l'intégrité scientifique est souvent présentée comme devant résulter de la diffusion d'une « culture de l'intégrité ». La formule, assez vague, renvoie à l'idée qu'une meilleure connaissance des exigences de l'intégrité scientifique devrait limiter les atteintes qui y sont portées. L'affirmation peut ne pas sembler entièrement convaincante à la lumière des analyses présentées plus haut sur les causes des manquements à l'intégrité scientifique [1]. En effet, la méconnaissance de l'intégrité scientifique est rarement identifiée comme une cause de manquement. Plus encore, des travaux suggèrent que les formations à l'éthique ne conduisent pas toujours à réduire leur prévalence [2]. Il semble plus exact de dire que la diffusion d'une meilleure information relative à l'intégrité scientifique est un préalable nécessaire à la mise en place de dispositifs destinés à sanctionner les manquements. Nul n'est censé ignorer les lois de l'intégrité scientifique ! Une étude récente a, de plus, montré que les règles relatives à l'intégrité scientifique étaient d'autant mieux mises en œuvre que les chercheurs avaient été associés à leur élaboration [3].

1. Voir *supra*, p. 57.
2. M. S. Anderson *et al.*, « What do mentoring and training in the responsible conduct of research have to do with scientists' misbehavior ? Findings from a national survey of NIH-funded scientists », *Academic Medicine*, vol. 82, n° 9, 2007, p. 853.
3. K. Labib *et al.*, « How to combine rules and commitment in fostering research integrity ? », *Account Res*, 2023 (DOI : 10.1080/08989621.2023.2191192).

1 / Formation

La connaissance des règles déontologiques de leur profession ne peut être présupposée chez les scientifiques : la transmission de ces règles doit être organisée et elle conditionne la possibilité de sanctionner les manquements. S'agissant des professions scientifiques, ces normes et savoir-faire professionnels se transmettent en grande partie dans une interaction en face à face, dans le cadre d'un apprentissage à la recherche par la recherche. Dès 1989, les Académies des sciences, des techniques et de médecine des États-Unis avaient élaboré un guide exposant, à destination des jeunes chercheurs, les normes professionnelles qu'ils devraient observer [1]. Ce guide est régulièrement mis à jour. L'*Office of research integrity* étasunien a également produit un guide de référence destiné à encourager les jeunes scientifiques dans une conduite prudente (*safe driving*) [2]. En France, la Charte de déontologie des métiers de la recherche (2015) prévoit que « les règles déontologiques doivent être intégrées aux cursus de formation, en particulier au sein des cursus de master et de doctorat, et leur apprentissage doit être considéré comme participant à la maîtrise du domaine spécifique de recherche » (art. 7).

S'agissant de la déontologie de la recherche et de l'intégrité scientifique, la situation est facilitée par le fait que les personnes qui aspirent à embrasser une carrière scientifique sont le plus souvent titulaires d'un doctorat. Or, la préparation du doctorat s'effectue au sein d'une école doctorale (C. éduc., art. L. 612-7), laquelle est tenue de proposer des formations dans différents domaines. Dès 2016, à la suite du rapport Corvol, l'arrêté relatif à la délivrance du diplôme de doctorat avait prévu que les écoles doctorales « veillent à ce que chaque doctorant reçoive une formation à l'éthique de la

1. *On being of scientist. A guide to responsible conduct of research*, The National Academies Press, 3e éd., 2009.
2. N. H. Steneck, *Introduction to the responsible conduct of research*, ORI, 2007.

recherche et à l'intégrité scientifique [1] ». Le décret n° 2021-1572 du 3 décembre 2021 a également imposé aux établissements publics de recherche d'assurer la formation des personnels et des étudiants au respect des exigences de l'intégrité scientifique (C. rech., art. D. 211-2). Cette formation peut s'appuyer sur un grand nombre de ressources [2], qu'il s'agisse d'ouvrages didactiques [3], de MOOC (*massive open online courses* : cours en ligne ouverts à tous) [4] ou de jeux pédagogiques (*serious games*) [5].

Le fait que l'enseignement de la déontologie de la recherche et de l'intégrité scientifique soit surtout tourné vers les chercheurs en formation n'implique pas que ceux-ci soient seuls concernés. Le Guide de conduite européen pour l'intégrité scientifique (ALLEA, 2023) relève qu'« il est d'une importance cruciale que les chercheurs maîtrisent les connaissances, méthodologies et pratiques éthiques de leur domaine ». La

1. Arrêté du 25 mai 2016 fixant le cadre national de la formation et les modalités conduisant à la délivrance du diplôme national de doctorat, art. 3, 3°, devenu art. 3, 4°.

2. M. Kalichman, « A brief history of RCR education », *Account Res*, vol. 20, n° 5-6, 2013, p. 380 ; J.E. Stern, D. Elliott, *The Ethics of scientific research. A guidebook for course development*, University Press of New England, 1997 ; J. Alnot *et al.*, « Formations à l'intégrité scientifique et à l'éthique de la recherche : un aperçu du paysage français », *in* M. Stanton-Jean et C. Hervé (dir.), *Éthique, intégrité scientifique et fausses nouvelles*, *op. cit.*, p. 71 ; E. Löfström *et al.*, « Who teaches academic integrity and how do they teach it? », *High Educ*, vol. 69, 2015, p. 435.

3. Ex. J.G. D'Angelo, *Scientific misconduct training workbook*, CRC Press, 2020 ; D. B. Resnik, *The Ethics of science. An introduction*, Routledge, 1998 ; D. Elliott, J.E. Stern, *Research Ethics. A reader*, University Press of New England, 1997 ; F.L. Macrina, *Scientific Integrity. An introductory text with cases*, ASM Press, 1995 ; E. Erwin, S. Gendin, L. Kleiman, *Ethical Issues in scientific research. An anthology*, Garland Publ., 1994.

4. Une liste des formations est tenue à jour par l'OFIS : https://www.ofis-france.fr/sensibilisation-et-formation/

5. Voir par ex. l'application *Dilemma Game* développée par l'Université Erasme d'Amsterdam ; G. Inguaggiato *et al.*, « The contribution of moral case deliberation to teaching RCR to PhD students », *Sci Eng Ethics*, vol. 29, 2023, p. 7 ; *Integrity Games* (https://integgame.eu/) ; A. Allard *et al.*, « The quizzical failure of a nudge on academic integrity education : a randomized controlled trial » *Res. Integr. Peer Rev.*, vol. 8, 2023, art. n° 15.

formation des personnels déjà en poste, qui, pour une grande partie d'entre eux, n'ont pas bénéficié d'une formation doctorale à l'éthique, reste encore largement abandonnée à un apprentissage sur le tas. Il existe néanmoins des incitations indirectes conduisant les chercheurs à effectuer une évaluation des pratiques d'intégrité scientifique, par l'intermédiaire des organismes chargés de l'évaluation des institutions de recherche (comme le Hcéres) ou des projets de recherche (comme l'ANR) et de certaines revues scientifiques.

2 / Serment doctoral

Depuis 2020, la loi énonce que, à l'issue de la soutenance d'une thèse de doctorat, « le candidat doit prêter serment en s'engageant à respecter les principes et les exigences de l'intégrité scientifique, dans des conditions fixées par arrêté du ministre chargé de la Recherche » (C. éduc., art. L. 612-7) . Un arrêté du 26 août 2022 précise la teneur du serment :

En présence de mes pairs. Parvenu(e) à l'issue de mon doctorat en [xxx], et ayant ainsi pratiqué, dans ma quête du savoir, l'exercice d'une recherche scientifique exigeante, en cultivant la rigueur intellectuelle, la réflexivité éthique et dans le respect des principes de l'intégrité scientifique, je m'engage, pour ce qui dépendra de moi, dans la suite de ma carrière professionnelle quel qu'en soit le secteur ou le domaine d'activité, à maintenir une conduite intègre dans mon rapport au savoir, mes méthodes et mes résultats.

Ces dispositions sont applicables aux candidats au doctorat inscrits en thèse après l'entrée en vigueur de l'arrêté (1er septembre 2022) ou ayant signé un avenant à la charte du doctorat révisée par l'établissement [1].

La création de ce serment a été critiquée pour les atteintes que ce dernier porterait à la liberté de la recherche [2]. Si cette

1. OFIS, *Serment doctoral d'intégrité scientifique*, Fiche pratique, 2022.
2. N. Leblond, « Un serment doctoral, mais pour quoi faire ? », *D.* 2023, 641 ; Motion de la 22e section du Conseil national des universités contre le serment doctoral, 2023.

crainte est sans doute excessive, il reste que le positionnement du serment doctoral soulève des interrogations. Il se distingue en effet des serments qui doivent être prêtés lors de l'entrée dans une profession (par les avocats, les médecins, etc.). En effet, le serment doctoral ne conditionne pas l'accès aux professions scientifiques (l'immense majorité des scientifiques déjà en activité n'a pas prêté serment) ; inversement, les personnes qui le prêtent n'exerceront pas toutes une profession scientifique. Quant à son contenu, il n'est pas certain qu'il corresponde effectivement aux attentes de ses promoteurs. Le serment doctoral donne en effet peu de place à la responsabilité des chercheurs [1]. L'engagement pris (« je m'engage à… ») concerne seulement l'intégrité scientifique. Dès lors, loin d'attirer l'attention sur les enjeux éthiques de l'activité scientifique, il vient redoubler les exigences législatives et réglementaires consacrées à l'intégrité scientifique. Cela étant, cette situation n'est pas en soi problématique : de nombreux textes relevant de la déontologie sont redondants avec le droit positif ; leur mérite est surtout de rappeler ces règles et de les rendre plus solennelles, dans l'espoir assumé qu'elles seront mieux respectées. Telle est bien la portée que l'OPECST reconnaît au serment doctoral : il s'agit d'un « acte à visée symbolique [qui] doit permettre de renforcer la prise de conscience du docteur de l'importance de ce sujet et de formaliser un véritable engagement [2] ».

3 / Médiation

La prévention des manquements à l'intégrité scientifique passe aussi par des échanges informels entre collègues. Certains considèrent même que ceux-ci sont plus à même de produire des changements de comportement que ne le sont les

1. Comp. : le serment imaginé en 1997 par Michel Serres, Nayla Farouki et Pierre Léna : M. Serres et N. Farouki (dir.), *Le Trésor. Dictionnaire des sciences*, Flammarion, 1997, p. xxxviii.
2. OPECST, *Promouvoir et protéger une culture partagée de l'intégrité scientifique*, rapport P. Henriet et P. Ouzoulias, 2021, p. 114.

procédures formalisées de signalement et la menace de sanctions disciplinaires [1]. En outre, ces échanges doivent pouvoir désamorcer certains manquements à l'intégrité scientifique dès que leurs premiers signes se manifestent. La connaissance de ces pratiques informelles dans les laboratoires de recherche est, par hypothèse, difficilement accessible.

Des études montrent que les personnes chargées de l'intégrité au sein des institutions de recherche jouent un rôle de médiation et de promotion des bonnes pratiques professionnelles [2]. La médiation entre d'ailleurs parfois expressément dans les fonctions des institutions mises en place pour veiller au respect de l'intégrité scientifique, comme l'*ombudsman* allemand pour la recherche (Ombudsman für die Wissenschaft : *médiateur pour la science*). En France, sans que cela soit clairement formalisé [3], des enquêtes par entretien montrent que les référents à l'intégrité scientifique consacrent une part de leur activité à échanger avec les personnes mises en cause par des allégations de manquement à l'intégrité scientifique afin d'accompagner leur prise de conscience et les changements de pratiques. Le Réseau français des référents à l'intégrité scientifique a lui aussi relevé que les référents à l'intégrité scientifique pouvaient « avoir un rôle proche de celui du médiateur [4] », à condition que les personnes concernées en soient d'accord. Le RESINT met l'accent sur la fonction « pédagogique » du RIS, qui peut aider les parties à

1. G. Koocher, P. Keith-Spiegel, « Peers nip misconduct in the bud », *Nature*, vol. 466, 2010, p. 438 ; M. Macleod, « Want research integrity ? Stop the blame game », *Nature*, vol. 599, 2021, p. 533.
2. M.L. Wagner, « The organizational ombudsman as change agent », *Negotiation Journal*, n° 1, 2000, p. 99 ; L. Tauginienė, I. Gaižauskaitė, « Jumping with a parachute. Is promoting research integrity meaningful? », *Account Res*, vol. 30, n° 8, 2023, p. 548. Dans une perspective plus prospective : D. Zukher, « The role of arbitration in resolving medical malpractice disputes : will a well-drafted arbitration agreement help the medicine go down », *Syracuse Law Rev*, vol. 49, n° 1, 1998, p. 135.
3. Voir la table-ronde autour de la médiation *in* O. Descamps et K. Lairedj, *L'Intégrité scientifique à l'aune du droit*, éd. Panthéon-Assas, 2021, p. 117.
4. RESINT, *Manuel de procédures*, 2023, p. 113.

percevoir les enjeux d'intégrité scientifique, en l'absence d'intention malveillante. Ces échanges peuvent conduire, par exemple, à rectifier la liste des auteurs signataires d'une publication scientifique [1]. Cette intervention du référent à l'intégrité scientifique n'est cependant pas toujours couronnée de succès et reste de l'ordre des recommandations [2]. En revanche, si un manquement est avéré, le référent ne peut renoncer à en rendre compte à la direction de l'établissement au motif qu'un accord aurait été trouvé entre les parties. L'éventuel développement de fonctions de médiation de la part des référents à l'intégrité scientifique supposerait de leur offrir une formation dédiée.

À retenir

Comme toute règle relative à l'exercice d'une profession, les exigences de l'intégrité scientifique doivent faire l'objet de formations destinées aux personnes qui entrent dans ces professions.

En France, la formation doctorale s'est imposée comme le principal vecteur de diffusion des exigences de l'intégrité scientifique.

À l'issue de la soutenance de leur thèse, les docteurs doivent prêter serment de maintenir une conduite intègre dans leur rapport au savoir, leurs méthodes et leurs résultats ; et ce, quelle que soit leur future activité professionnelle.

Les référents à l'intégrité scientifique peuvent favoriser l'appropriation des exigences de l'intégrité scientifique et encourager les comportements conformes par des échanges informels proches de la médiation.

1. Z. Faulkes, « Resolving authorship disputes by mediation and arbitration », *Res. Integr. Peer Rev.*, vol. 3, n° 1, 2018, p. 12.

2. Dans une affaire, le CNESER relève que « les recommandations qui lui ont été adressées sur ce point par le référent intégrité scientifique de l'université en 2020 n'auraient, selon les éléments recueillis, pas été suivies d'effet » (CNESER, aff. 1742, 5 avril 2023, BO 21/2023).

CHAPITRE 2

RÉVÉLATION

La caractérisation de comportements déviants comme constituant des manquements à l'intégrité scientifique suppose qu'ils soient révélés. Ainsi que l'indique le sociologue américain Howard Becker : « Si nous considérons les gens et les organisations impliquées dans un épisode potentiellement déviant, nous découvrons également que l'activité collective concernée ne se limite pas aux infractions présumées. Il s'agit d'un drame complexe dont l'un des ressorts principaux réside dans l'expression des accusations. [1] » On s'intéressera donc aussi bien aux personnes qui révèlent un manquement à l'intégrité scientifique (les « entrepreneurs de morale [2] » au sens de Becker) qu'à celles qui reçoivent ces signalements.

1 / Figures de la révélation d'une fraude scientifique

La révélation des manquements à l'intégrité scientifique prend des formes très variables. La fraude scientifique est constatée, recherchée, exposée, fabriquée.

---

1. H.S. Becker, *Outsiders. Études de sociologie de la déviance* [1963], trad. J.-P. Briand et J.-M. Chapoulie, Métailié, 2020, p. 207.
2. *Ibid*, p. 146 : « En règle générale, pour faire respecter les normes, il faut que quelque chose déclenche le processus. [...] Faire appliquer une norme suppose donc un esprit d'entreprise et implique un entrepreneur. [...] Il faut que ceux qui souhaitent voir la norme appliquée attirent l'attention des autres sur

1. La fraude constatée

Les manquements à l'intégrité scientifique sont d'abord signalés par les personnes qui s'en estiment victimes – elles pensent que leur travail a été plagié, que leur contribution à une recherche n'a pas été correctement créditée... – ou par des personnes qui constatent dans leur environnement de travail des pratiques répréhensibles. Le sentiment d'une injustice est au cœur de l'accusation. La qualité professionnelle des personnes concernées importe peu en principe (personnels titulaires, étudiants, contractuels, administratifs, etc.). La plupart des universités et établissements de recherche prévoient que les manquements à l'intégrité peuvent être signalés par « toute personne [1] ».

Le signalement d'un manquement que l'on a subi ou dont on a été témoin est-il obligatoire ? En droit, l'abstention de signaler un manquement n'est pas assorti de sanction. Cependant, plusieurs instances éthiques ont affirmé l'obligation éthique de signaler ces manquements [2]. Ainsi, dans le cadre de l'évaluation de projets de recherche, le COMETS a estimé que le chercheur « a l'obligation de signaler tout manquement à l'éthique de la personne ou du projet évalué, même si la mention n'est pas prévue dans les modèles d'analyse fournis par les responsables de l'évaluation [3] ». Plus largement, le Code de conduite européen pour l'intégrité scientifique (ALLEA, 2023, § 3.1) énonce parmi les « pratiques inacceptables » de la part des scientifiques « le fait de passer sous silence les manquements présumés à l'intégrité scientifique commis par d'autres personnes ou les réponses inappropriées qu'apporteraient les institutions à ces manquements ou à

l'infraction. [...] Pour crier au voleur, il faut y trouver un avantage : c'est l'intérêt personnel qui pousse à prendre cette initiative. »

1. Le Manuel de procédures du RESINT (2023, p. 9) retient cette formule.

2. David B. Resnik (*The Ethics of science. An introduction*, Routledge, 1998, p. 125) soutient que le signalement des manquements à l'intégrité scientifique est un « devoir » (*duty*) pour les chercheurs. Le mot est à entendre dans le sens d'une obligation morale et non juridique.

3. COMETS, avis n° 2012-00 : « Charte déontologique de l'évaluateur ».

d'autres violations ». Une telle exigence est aussi formulée par la Déclaration de Singapour sur l'intégrité scientifique [1].

La charge placée sur les scientifiques est lourde et peut les confronter à des dilemmes moraux inconfortables [2]. Aussi des études montrent-elles que les manquements à l'intégrité scientifique sont loin d'être systématiquement signalés [3]. La crainte de s'exposer à des mesures de rétorsion – d'autant plus forte que l'auteur du signalement est dans une position professionnelle dominée (par référence au statut professionnel, à l'ancienneté, au genre) [4] – et les usages professionnels [5] sont autant de freins susceptibles de dissuader les signalements.

Pour lever ces réticences, les procédures de signalement garantissent le plus souvent la confidentialité de l'identité de l'auteur du signalement ainsi que du signalement lui-même, pour protéger la personne mise en cause. Le maintien de la confidentialité peut cependant s'avérer difficile dans des milieux professionnels étroits et lorsque les investigations consécutives au signalement obligent à partager l'information avec un nombre toujours plus grand de personnes (lesquelles peuvent être tenues, elle aussi, de respecter la confidentialité).

---

1. WCRI, *Singapore Statement on research integrity*, 2010, § 11.
2. K. Jørgen Vie, « How should researchers cope with the ethical demands of discovering research misconduct ? Going beyond reporting and whistleblowing », *Life Sciences, Society and Policy*, vol. 16, 2020, p. 6.
3. P. Satalkar, D. Shaw, « Is failure to raise concerns about misconduct a breach of integrity ? Researchers' reflections on reporting misconduct », *Account Res*, vol. 25, n° 6, 2015, p. 311 ; J.M. Braxton, A.E. Bayer, « Personal experiences of research misconduct and the response of individual academic scientists », *Science, Technology & Human Values*, vol. 21, n° 2, 1996, p. 198 ; S. Roy, M.A. Edwards, « NSF fellows' perceptions about incentives, research misconduct, and scientific integrity in STEM academia », *Scientific Reports*, vol. 13, 2023, p. 5701 ; S.L. Titus, J.A. Wells, L.J. Rhoades, « Repairing research integrity », *Nature*, vol. 453, 2008, p. 980.
4. S. Horbach *et al.*, « On the willingness to report and the consequences of reporting research misconduct : the role of power relations », *Sci Eng Ethics*, vol. 26, 2020, p. 1595 ; J. Malek, « To tell or not to tell ? The ethical dilemma of the would-be whistleblower », *Account Res*, vol. 17, 2010, p. 115.
5. J.M. Braxton, A.E. Bayer, « Perceptions of research misconduct and an analysis of their correlates », *J High Educ*, vol. 65, n° 3, 1994, p. 351.

Face à ces difficultés, la possibilité d'un signalement anonyme pourrait offrir de meilleures garanties de protection pour l'auteur du signalement ; inversement, elle serait plus risquée pour la personne mise en cause qui serait exposée à des dénonciations calomnieuses. Le caractère souhaitable ou non d'un signalement anonyme est disputé de longue date dans les travaux relatifs à la protection des lanceurs d'alerte. Concernant les manquements à l'intégrité scientifique, le RESINT estime qu'« un signalement ne devrait pas être anonyme [1] ». Les signalements anonymes sont aussi exclus par le CNRS [2] et par de nombreuses universités. Inversement, aux États-Unis, l'*Office of research integrity* accepte des signalements effectués à l'oral, même de manière anonyme [3]. Par ailleurs, certains sites Internet comme *Science Fraud* (ce blog est aujourd'hui fermé), *Scientific Red Cards*, *Retraction Watch* ou *PubPeer* ont permis à toute personne de discuter des articles publiés et ont ainsi favorisé la révélation publique de manquements à l'intégrité scientifique. La possibilité de signalements anonymes, notamment sur *PubPeer* et *Retraction Watch*, suscite des débats [4]. Aux États-Unis, une cour d'appel a rejeté l'action en justice entreprise par un chercheur soutenant que la critique dont son travail avait fait l'objet sur *PubPeer* lui avait fait perdre son emploi et demandant la levée de l'anonymat des auteurs des commentaires en cause [5].

1. RESINT, *Manuel de procédures*, 2023, p. 9.
2. CNRS, « Intégrité scientifique au CNRS. Modalités d'actions », *BO CNRS*, n° 1, 2019, p. 30 (§ 2.3.13).
3. 42 CFR Part. 50 & 93, *Federal* Register, vol. 70, n° 94, 2005, spéc. p. 28377. Voir aussi A.R. Price, « Anonymity and pseudonymity in whistleblowing to the US office of research integrity », *Academic Medicine*, vol. 73, 1998, p. 467.
4. I. Oransky, « Retraction watch : what we've learned and how metrics play a role », *in* M. Biagioli, A. Lippman (eds), *Gaming the metrics..., op. cit.*, spéc. p. 142 ; dans le même volume : B. Barbour, B.M. Stell, « PubPeer : scientific assessment without metrics », spéc. p. 152.
5. https://retractionwatch.com/?s=PubPeer+wins+appeal+of+court+ruling+to+unmask+commenters

2. La fraude recherchée

Une autre modalité de révélation des manquements à l'intégrité scientifique s'incarne dans l'action de personnes qu'il est convenu d'appeler « limiers », « traqueurs » ou « chasseurs de fraude ». Celles-ci recherchent activement dans la littérature scientifique de possibles fraudes, dans le but affiché de « dépolluer » la littérature. Il s'agit parfois d'individus, certains acquérant une notoriété particulière, comme la scientifique néerlandaise Elisabeth Bik, les chercheurs en psychologie David Bimler (sous le pseudonyme de « Smut Clyde ») et Nick Brown, la psychologue britannique Dorothy Bishop, l'enseignant-chercheur informaticien français Guillaume Cabanac, ou encore la pharmacologue française Clara Locher [1]. Parfois, également, des fraudes scientifiques sont révélées par un individu fictif, comme « Clare Francis », pseudonyme employé par une ou plusieurs personnes pour signaler aux revues scientifiques des articles scientifiques entachés de fraudes [2].

Dans la même perspective, des logiciels ont été programmés pour rechercher des manquements à l'intégrité scientifique. Illustré dans les années 1980 par la « *misconduct machine* » ayant conduit à la révélation de l'affaire *Baltimore* [3], le recours à des logiciels anti-plagiat est routinièrement utilisé par les revues scientifiques et par les établissements universitaires [4]. De même, un logiciel comme le *Problematic Paper Screener*,

1. Le quotidien *Le Monde* a consacré, au cours de l'été 2023, une série de portraits à ces « chasseurs de fraude ».
2. E. Yong, H. Leford, R. van Nooren, « Three ways to blow the whistle », *Nature*, vol. 503, 2013, p. 454.
3. C. Anderson, « Robocops : Stewart and Feder's mechanized misconduct search », *Nature*, vol. 350, 1991, p. 454. Stewart et Feder avaient recherché dans les articles publiés par les biologistes T. Imanishi-Kari et D. Baltimore l'existence de plagiats au moyen d'un système informatique permettant la comparaison de textes. Sur l'ensemble de cette affaire : D. J. Kevles, *The Baltimore Case. A trial of politics, science, and character*, Norton & Co., 1998.
4. D. Weber-Wulff, « Plagiarism detection software : promises, pitfalls, and practices », *in* T. Bretag (eds), *Handbook of academic integrity*, Springer, 2016, p. 625.

développé par les chercheurs français Guillaume Cabanac et Cyril Labbé et le mathématicien russe Alexander Magazinov, recherche des expressions suspectes (« phrases torturées ») dans la littérature scientifique, signes de possibles plagiats dissimulés ou de fabrications de données [1]. Ces méthodes sont aussi mises en œuvre pour tenter d'identifier, avec plus ou moins de succès, des articles scientifiques rédigés par des logiciels d'intelligence artificielle générative comme ChatGPT [2].

3. *La fraude exposée*

Des pratiques scientifiques jugées déviantes sont parfois exposées au moyen d'un « canular ». Par là on désigne une variété de pratiques consistant à jouer le jeu de la science pour discréditer certains acteurs et ainsi signaler par l'éclat de rire des manquements à l'intégrité scientifique. Il existe une longue tradition dans les sciences de publications satiriques soulignant en creux les travers des modes scientifiques [3], de recueil de textes scientifiques réels sur le modèle d'un bêtisier [4], d'articles donnant par dérision les meilleures recettes pour frauder [5]. Au-delà de cette veine potache, le recours à l'humour constitue un vecteur puissant de critique des manquements à l'intégrité scientifique. Les scientifiques l'emploient régulièrement pour dénoncer des méconduites scientifiques de la part de revues,

1. *Nature*, vol. 600, 2021, p. 602.
2. G. Conroy, « Scientific sleuths spot dishonest ChatGPT use in papers », *Nature*, 8 sept. 2023 ; A.M. Elkhatat, K. Elsaid, S. Almeer, « Evaluating the efficacy of AI content detection tools in differentiating between human and AI-generated text », *International Journal for Educational Integrity*, vol. 19, 2023, n° 17.
3. Par ex. le *Journal of Polymorphous Perversity* (psychologie), *Deconometrica* (économie), *Annals of Improbable Research* (cette revue décerne chaque année les prestigieux *Ig Nobel Prizes*).
4. Par ex. le *Journal of Irreproducible Results*.
5. G. Chamayou, « Petits conseils aux enseignants-chercheurs qui voudront réussir leur évaluation », *Revue du MAUSS*, n° 33, 2009, p. 208 ; N.P. Rougier, J. Timmer, « Ten simple rules for scientific fraud and misconduct », preprint, 2017 (hal-01562601) ; A. Casadevall, F. C. Fang, « Diseased science », *Microbe*, vol. 9, n° 10, 2014, p. 390.

des éditeurs qui les hébergent, ou de la part d'autres scientifiques [1] : publication d'articles scientifiques, tissus de non-sens ou d'incohérences, entièrement inventés ou générés automatiquement par des logiciels [2], demande (ou acceptation) de figurer dans des comités éditoriaux de revues sous des noms et avec des *curriculum vitae* scientifiques fantaisistes [3]. D'un côté, ils permettent de démontrer le fonctionnement problématique de revues qui acceptent de publier n'importe quoi tant que les auteurs paient les droits de publication (on parle de « revues prédatrices »). Mais, de l'autre, le canular affiche parfois la volonté de discréditer un champ de recherche [4] – ce qui rapproche la démarche d'un moyen de mener un combat contre un domaine scientifique [5]. En outre, et c'est tout le paradoxe, pour dénoncer des manquements à l'intégrité scientifique, les auteurs de canulars recourent eux aussi à des procédés en principe contraires à l'intégrité (fabrication ou dissimulation d'auteurs, invention de données) [6]. La différence tient à ce que le canular est destiné à être révélé,

1. J. Schnabel, « Puck in the laboratory : the construction and deconstruction of hoaxlike deception in science », *Science, Technology & Human Values*, vol. 19, n° 4, 1994, p. 459 ; A. Lippman, « Humor, hoaxes, and software in the search of academic misconduct », *in* M. Biagioli, A. Lippman (eds), *Gaming the metrics…*, *op. cit.*, p. 271 ; B. Lahire, « Comment confondre les imposteurs : les vertus critiques du canular », *Carnet Zilsel*, 2016 [en ligne].
2. I. Antkare, « Ike Antkare, his publications and those of his disciples », *in* M. Biagioli, A. Lippman (eds), *Gaming the metrics…*, *op. cit.*, p. 177.
3. B. Morgenstern, « Fake scientists on editorial boards can significantly enhance the visibility of junk journals », *in* M. Biagioli, A. Lippman (eds), *Gaming the metrics…*, *op. cit.*, p. 201 ; Ph. Huneman, « L'activité débilitante de la science contemporaine », Zilsel, n° 4, 2018, p. 153.
4. Par ex., les *Sciences studies* : A. Sokal, J. Bricmont, *Impostures intellectuelles*, Odile Jacob, 1997 ; la sociologie de Michel Maffesoli : M. Quinon, A. Saint-Martin, « Le maffesolisme, une "sociologie" en roue libre. Démonstration par l'absurde », *Carnet Zilsel*, 7 mars 2015 [en ligne] ; la philosophie d'Alain Badiou : A. Barberousse, Ph. Huneman, « Un "philosophe français" label rouge. Relecture tripodienne d'Alain Badiou », *Carnet Zilsel*, 1er avril 2016 [en ligne].
5. Sur les liens entre accusations de méconduite scientifique et controverse scientifique, voir *supra*, p. 31.
6. L. Walsh, *Sins againts science : the scientific media hoaxes of Poa, Twain and others*, SUNY Press, 2006.

contrairement à la fraude, dont les auteurs espèrent qu'elle passera inaperçue.

4. La fraude fabriquée

La formulation d'une allégation de méconduite se révèle parfois erronée. Dans ce cas, l'erreur commise par l'accusateur de bonne foi n'est pas condamnable [1]. En revanche, l'accusation malveillante pose problème. Le Code de conduite européen pour l'intégrité scientifique (ALLEA, 2023) considère comme une pratique inacceptable de la part d'un scientifique le fait d'accuser à tort un chercheur de méconduite de façon malveillante (*in a malicious way*). Dans ce cas, l'accusation de fraude se révèle un moyen de faire pression sur un scientifique ou de lui porter préjudice. Ce cas de figure rejoint la question plus générale des actions en justice entreprises à l'encontre de scientifiques afin de les dissuader de publier certains travaux de recherche dérangeants (dites « procédures bâillons ») [2]. Dans ce cas, l'accusation formulée n'est pas une diffamation ou un dénigrement, mais celle de manquer à l'intégrité scientifique. De même, des accusations de plagiat, fondées ou non, sont parfois formulées sur fond d'oppositions politiques ou idéologiques plus larges [3].

Il n'est pas exclu, en effet, que les auteurs de signalement de manquements à l'intégrité scientifique aient eux-mêmes des conflits d'intérêts. Ainsi, une dénonciation de manipulation d'images prétendument commise par un scientifique s'était

1. La mauvaise foi s'entend de la connaissance de l'inexactitude des faits dénoncés au moment du signalement.

2. O. Beaud, « Retour sur le cas paroxystique d'un "procès-bâillon" au Québec : les difficiles rapports entre droit et science », *D.* 2021, p. 1304 ; O. Beaud, *Le Savoir en danger. Menaces sur la liberté académique*, Puf, 2021 ; A. Chirossel, *La Responsabilité du chercheur du fait de ses recherches*, thèse univ. Clermont-Auvergne, 2023, n° 729 et s.

3. T. Bruckner, « The weaponisation of forensic research auditing will not resolve systemic research misconduct », 4 janvier 2024, *LSE blog Impact of social sciences* [en ligne] ; J. Bailey, « The weaponization of plagiarism », *Plagiarism Today*, 8 janvier 2024 [en ligne].

révélée, après investigation, infondée et il était apparu que les scientifiques accusateurs avaient eux-mêmes des actions dans des sociétés de biotechnologies concernées par les essais cliniques en cours. Suite à cette affaire, la revue qui avait publié les travaux contestés a modifié sa politique éditoriale en exigeant que les personnes qui soumettent des demandes de rétractation ou de correction d'articles publiés remplissent elles aussi une déclaration d'intérêts [1]. Dans le même ordre d'idée, a été révélée par la presse l'existence d'un conflit d'intérêts non déclaré entre l'éditeur en chef de la revue *Food and Chemical Toxicology* et le semencier Monsanto, cet éditeur ayant décidé la rétractation d'un article signé par le biologiste français Gilles-Éric Seralini et ses coauteurs prétendant montrer, à partir d'une étude réalisée sur des rats, la toxicité du maïs transgénique résistant à l'herbicide *Round up* produit par la société Monsanto (rachetée depuis par Bayer). Suite à la publication de cet article, la revue avait reçu plusieurs lettres critiques (*letter to the editor*) et avait finalement décidé de rétracter l'article, non pas en raison de fraude ou de manipulation des données mais en raison de faiblesses méthodologiques [2]. Une enquête journalistique, basée sur les « Monsanto papers » rendus accessibles dans le cadre d'une action en justice, a montré que ces lettres critiques avaient été en partie encouragées par Monsanto et que l'éditeur en chef de la revue était lié contractuellement à la firme, un conflit d'intérêts qui n'avait pas été rendu public [3]. Sans qu'elles fassent disparaître les reproches adressés à l'étude en cause de n'être pas conclusive, ces circonstances éclairent sur la possible instrumentalisation des signalements de manquements à l'intégrité scientifique.

1. E.M. McNally, « Conflicting interests : when whistleblowers profit from allegations of scientific misconduct », *J Clin Invest.*, vol. 132, n° 21, 2022, e166176.
2. *Food and Chemical Toxicology*, vol. 50, 2012, p. 4221. Voir aussi l'éditorial du rédacteur en chef A. Wallace Hayes qui fait référence au guide du COPE sur la rétractation d'articles pour justifier sa décision (vol. 65, 2014, p. 394).
3. S. Horel, S. Foucart, « L'affaire Séralini ou l'histoire secrète d'un torpillage », *Le Monde*, 5 oct. 2017 ; S. Foucart, S. Horel, S. Laurens, *Les Gardiens de la raison. Enquête sur la désinformation scientifique*, La Découverte, 2020, p. 31.

2 / Destinataires de la révélation d'un manquement

Les personnes auxquelles des manquements aux règles déontologiques peuvent être signalés dépendent d'abord de la nature du manquement supposé. Les manquements aux obligations déontologiques des fonctionnaires (cumul d'activités non déclaré, non-réalisation des obligations statutaires, conflit d'intérêts…) peuvent être signalés au président de l'établissement de rattachement, à qui il revient de décider d'éventuelles suites disciplinaires, ou au Collège de déontologie du ministère de l'Enseignement supérieur et de la Recherche , chargé de formuler des recommandations [1]. De la même façon, les violations d'obligations civiles ou pénales peuvent donner lieu, conformément au droit commun, à la saisine d'une juridiction, sans signalement préalable à un référent. Ainsi, des faits de vol, violences, harcèlement, injure, etc., commis dans des universités ou des établissements de recherche justifient la saisine des tribunaux civils, pénaux ou administratifs compétents. S'agissant des manquements à l'intégrité scientifique, les personnes compétentes pour recevoir un signalement varient d'un pays à l'autre. Certains pays privilégient un destinataire unique au niveau national, d'autres organisent le recueil de signalements dans chaque institution de recherche. C'est le cas en France, où l'on trouve des référents dédiés, les référents à l'intégrité scientifique, désignés dans chaque établissement d'enseignement supérieur et de recherche.

1. Les référents à l'intégrité scientifique

Encouragée par le rapport Corvol (2016), la désignation de référents à l'intégrité scientifique (RIS) au sein de chaque établissement d'enseignement supérieur et de recherche est devenue obligatoire en 2021, exposant l'établissement à voir

1. Arrêté du 1er mars 2018 relatif au collège de déontologie au sein du ministère chargé de l'Enseignement supérieur et de la Recherche, art. 2.

sa responsabilité engagée en cas de carence [1]. Aux termes de l'article D. 211-3 du Code de la recherche :

> L'autorité chargée de la direction de l'établissement public ou de la fondation reconnue d'utilité publique nomme un référent à l'intégrité scientifique.
>
> Le référent à l'intégrité scientifique :
>
> 1° Participe à la mise en œuvre des actions mentionnées à l'article D. 211-2 ;
>
> 2° Instruit les signalements relatifs à un éventuel manquement aux exigences de l'intégrité scientifique dont il est directement saisi ou dont il est rendu destinataire. Dans ce cas, il procède contradictoirement aux investigations nécessaires et peut demander communication des pièces et documents susceptibles d'en établir la réalité ;
>
> 3° Transmet à l'autorité chargée de la direction de l'établissement ou de la fondation un rapport exposant les conclusions de ses investigations ;
>
> 4° Signale à l'autorité chargée de la direction de l'établissement ou de la fondation les dispositifs ou pratiques internes qui n'offrent pas les garanties suffisantes en termes d'intégrité scientifique.
>
> L'établissement public ou la fondation reconnue d'utilité publique assure au référent à l'intégrité scientifique les moyens nécessaires à l'exercice de ses missions.

Outre ses fonctions consistant à organiser la formation à l'intégrité scientifique et un cadre favorisant les comportements intègres au sein de l'établissement, le RIS est chargé de recevoir des signalements, les instruire et produire un rapport destiné à la direction de l'établissement dans lequel il donne son avis sur l'existence ou non de manquements. Les faits dont le référent est saisi ne sont pas soumis à une quelconque prescription [2], mais il est évident que l'instruction sera plus difficile si les faits sont anciens. De plus, les éventuelles sanctions consécutives à l'instruction du référent sont, quant à elles, soumises à des délais de prescription, courant à partir

1. A. Robin, *Droit des données de la recherche…, op. cit.*, p. 372.
2. RESINT, *Manuel de procédures*, 2023, p. 90 et s.

de la découverte des faits. Le rapport du référent peut être considéré comme donnant connaissance des faits aux directions des établissements d'enseignement supérieur et de recherche et constituer ainsi le point de départ du délai [1].

Le référent à l'intégrité scientifique est le plus souvent un scientifique membre de l'établissement [2]. À ce titre, il dispose de connaissances avancées sur l'activité scientifique, ses méthodes, ses instruments. Afin de couvrir la variété des pratiques disciplinaires, les RIS sont parfois assistés d'une équipe de spécialistes. Cette proximité avec l'activité scientifique peut conduire le référent à se trouver lui-même concerné par les manquements ou lié aux personnes mises en cause. Cette situation classique de conflit d'intérêts doit conduire l'autorité chargée de la direction de l'établissement à désigner un autre référent pour le suppléer [3]. Dans le cas où plusieurs institutions de recherche sont concernées (par exemple dans le cas d'une coécriture d'article ou d'un projet de recherche collectif), le signalement peut être adressé au RIS de l'un des établissements, en France ou à l'étranger. Les référents concernés instruisent le cas conjointement.

La saisine du RIS nécessite un acte positif de saisine, prenant le plus souvent la forme d'un envoi de courrier (électronique), *via* une adresse ou une ligne dédiée. Peu formalisée, la saisine suppose néanmoins qu'une personne s'adresse au référent et déclare le saisir. Cette précision permet de comprendre les ambiguïtés qui entourent la révélation publique de fraudes scientifiques, éventuellement de manière anonyme, par exemple dans un mail adressé à une pluralité d'acteurs

1. *Ibid.*, p. 91.
2. Une enquête menée par l'OFIS (« Profils des référentes et référents à l'intégrité scientifique en France », 2022) montre que les RIS sont majoritairement des enseignants-chercheurs ou chercheurs « pour la plupart à des niveaux avancés de carrière ». Environ un tiers des répondants sont retraités, dont la majorité dispose du statut d'émérite.
3. CGFP, art. L. 121-4 et L. 122-1 ; OFIS, « Note sur la procédure interne mise en œuvre par l'OFIS dans le cadre des recommandations relatives aux modalités de déport des RIS », 23 juin 2022 ; C. rech., art. D. 211-4.

(c'est le cas de Clare Francis [1]) ou par un *post* sur *PubPeer* ou *Retraction Watch*. Les RIS tendent à considérer que ces divulgations ne valent pas saisine, y compris lorsqu'elles concernent un scientifique de leur établissement. Par ailleurs, les RIS n'ont généralement pas la faculté de s'autosaisir de faits divulgués publiquement.

Afin de ne pas dissuader les signalements, il a été très tôt admis que leurs auteurs devaient recevoir une protection contre les mesures de rétorsion. Aux États-Unis, la législation prévoit que les institutions bénéficiaires de financements fédéraux doivent « prendre toute mesure pertinente pour protéger la position professionnelle et la réputation des auteurs de signalement, témoins, membres de comité d'investigation, qui agissent de bonne foi, contre toute mesure de rétorsion prise par les personnes mises en cause et par les institutions concernées [2] ». Le Réseau européen des référents à l'intégrité scientifique souligne lui aussi l'importance de la protection des scientifiques auteurs de signalements [3]. En France, les dispositions du Code de la recherche relatives à l'intégrité scientifique sont muettes sur la protection accordée aux auteurs de signalements de manquements à l'intégrité. Cette situation est dommageable car les rétorsions qui peuvent être prises contre les scientifiques prennent des formes particulières (retrait de crédits du laboratoire, défaut d'obtention de contrats de recherche ou de supports de recrutement, etc.) [4]. S'il est généralement admis que les auteurs de signalement doivent être protégés contre les mesures de rétorsion [5], cette protection

1. E. Yong, H. Leford, R. van Nooren, « Three ways to blow the whistle », *Nature*, vol. 503, 2013, p. 454.

2. 42 CFR Part. 50 & 93, *Federal Register*, vol. 70, n° 94, 2005, § 93.300. Voir aussi P. Poon, « Legal protections for the scientific misconduct whistleblower », *Journal of Law, Medicine & Ethics*, vol. 23, 1995, p. 88.

3. *ENRIO Handbook on whistleblower protection in research*, 2023.

4. C. Noiville, M.-A. Hermitte, « Quelques pistes pour un statut juridique du chercheur lanceur d'alerte », *Natures Sciences Sociétés*, vol. 14, n° 3, 2006, p. 269.

5. Par ex. les « modalités d'actions » prévues au CNRS en cas de signalement d'un manquement à l'intégrité scientifique font de la « protection des personnes impliquées, en particulier l'auteur du signalement (y compris après la fin de la procédure) » un principe général (*BO CNRS*, n° 1, 2019, p. 32).

n'est pas clairement organisée par le droit. Une telle situation encourage à regarder les ressources que peut offrir le droit de l'alerte.

2. Les référents lancement d'alerte

Aux côtés de la réglementation des signalements des manquements à l'intégrité scientifique, la loi française organise les modalités du lancement d'alerte et la protection des lanceurs d'alerte [1]. Les personnes publiques et privées entrant dans le champ d'application de cette loi [2], dont font partie les universités et les organismes de recherche, doivent mettre en place un canal interne de réception des signalements. Ces alertes sont adressées à un supérieur hiérarchique, à l'employeur ou à un référent spécialement désigné (« référent lancement d'alerte » ou « référent alerte » : la dénomination n'est pas imposée par la loi). Dans les établissements publics, le référent déontologue peut être désigné pour exercer les missions de référent lancement d'alerte [3], et cela alors même que le déontologue n'a pas, au principal, pour fonction de recevoir des signalements. Ainsi, le Collège de déontologie du ministère de l'Enseignement supérieur et la Recherche agit comme référent lancement d'alerte pour les services de l'administration centrale relevant de ce ministère [4]. De plus, la loi du 21 mars 2022 permet aux lanceurs d'alerte d'adresser leur signalement directement à une autorité externe désignée par décret. Ainsi, la compétence pour recevoir des signalements relatifs à l'enseignement supérieur revient au médiateur de l'Éducation nationale et de l'Enseignement

1. Le texte de référence est la loi n° 2016-1691 du 9 déc. 2016, telle que modifiée par une loi n° 2022-401 du 21 mars 2022 prise pour la transposition d'une directive européenne du 23 octobre 2019.
2. Loi n° 2016-1691 du 9 déc. 2016, art. 8, I, B.
3. Décret n° 2017-564 du 19 avril 2017, art. 4, puis décret n° 2022-1284 du 3 oct. 2022, art. 5, II.
4. Arrêté du 1er mars 2018 relatif au collège de déontologie au sein du ministère chargé de l'Enseignement supérieur et de la Recherche, art. 3.

supérieur[1]. Les destinataires des signalements, *via* le canal interne ou externe de signalement, sont chargés d'évaluer l'exactitude des allégations formulées et peuvent demander tout complément d'information à l'auteur du signalement. Lorsque les allégations paraissent avérées, le destinataire de l'alerte « met en œuvre les moyens à sa disposition pour remédier à l'objet du signalement[2] ». À cela s'ajoute que 34 établissements et organismes publics ayant une activité d'expertise ou de recherche dans le domaine de la santé ou de l'environnement (parmi lesquels le CNRS, le Cirad, l'Ifremer, l'INRAE, l'INSERM...)[3] sont tenus de mettre en place en leur sein un registre particulier pour recueillir des alertes portant sur les risques sanitaires et environnementaux[4]. Ces alertes peuvent porter sur des manquements déontologiques dans les activités d'expertise et de recherche.

Ainsi, plusieurs corpus législatifs et réglementaires coexistent en France, l'un concernant le signalement des manquements à l'intégrité scientifique, l'autre le lancement d'alerte. L'articulation de ces dispositifs pose des difficultés[5]. Tous visent en effet à organiser des signalements et à protéger les auteurs de signalement, mais leurs régimes juridiques diffèrent. La loi du 9 décembre 2016 dispose qu'« un lanceur d'alerte est une personne physique qui signale ou divulgue, sans contrepartie financière directe et de bonne foi », des informations portant notamment sur un crime ou un délit, une menace ou un préjudice pour l'intérêt général, une violation ou une tentative de dissimulation d'une violation de la

1. Décret n° 2022-1284 du 3 oct. 2022, annexe.
2. *Ibid.*, art. 4, III.
3. Décret n° 2014-1628 du 26 déc. 2014. Ces registres sont accessibles aux corps de contrôle des ministères exerçant la tutelle des établissements et organismes chargés de les tenir ainsi qu'à la Commission nationale de la déontologie et des alertes en matière de santé publique et d'environnement.
4. Loi n° 2013-316 du 16 avril 2013.
5. O. Leclerc, « Whistleblowing legislation and reporting on research misconduct : a case for mutual learning », *Account Res*, 2023 (DOI : 10.1080/08989621.2023.2240705).

loi ou du règlement. Dès lors, plusieurs croisements apparaissent entre ce texte et ceux consacrés au signalement des manquements à l'intégrité scientifique. D'abord, comme le relèvent le RESINT[1] et l'OFIS[2], certains manquements à l'intégrité scientifique peuvent constituer des délits. C'est le cas du plagiat, susceptible de recevoir la qualification pénale de contrefaçon. De même, d'autres irrégularités commises dans les laboratoires de recherche, sans constituer à proprement parler des manquements à l'intégrité scientifique[3], comme des faits de harcèlement par exemple (le harcèlement est une faute civile et une infraction pénale), entrent aussi dans le champ d'application de la législation sur l'alerte. Plus généralement, depuis la loi du 24 décembre 2020, qui fait du respect de l'intégrité scientifique une exigence légale incluse dans le Code de la recherche, l'ensemble des manquements à l'intégrité scientifique peuvent être considérés comme des violations de la loi, et donc pour cette raison, faire l'objet d'un signalement auprès du référent lancement d'alerte.

Les enjeux associés à la qualification de lanceur d'alerte (au sens de la loi de 2016) pour les scientifiques qui signalent des manquements à l'intégrité scientifique sont nombreux : la protection offerte aux lanceurs d'alerte par la loi est très précise et importante (situation qui contraste avec les signalements de manquements à l'intégrité scientifique), la procédure à suivre pour traiter les alertes est plus détaillée[4] et enfermée dans des délais explicites (en principe, trois mois). En outre, alors que les référents à l'intégrité scientifique refusent le plus souvent de recevoir des signalements anonymes, la directive du 23 octobre 2019 indique que l'auteur d'une alerte anonyme ne peut pas être privé de la protection accordée aux lanceurs d'alerte.

1. RESINT, *Manuel de procédures*, 2023, p. 83.
2. OFIS, « L'auteur d'un signalement de manquement à l'intégrité scientifique peut-il être considéré comme un "lanceur d'alerte" » ?, juillet 2023.
3. Voir *supra*, p. 26.
4. Décret n° 2022-1284 du 3 oct. 2022.

Dans un tel contexte, il est tentant pour les scientifiques de porter les signalements de manquement à l'intégrité scientifique comme des alertes, au sens de la loi du 9 décembre 2016, en adressant ces signalements au référent lancement d'alerte plutôt qu'au RIS. En effet, le recours à l'un des canaux de signalement (interne ou externe) prévu par la loi de 2016 conditionne le bénéfice de la protection prévue par cette loi [1].

L'inconvénient d'un tel choix d'aiguillage du signalement serait de fragiliser le dispositif récemment mis en place pour recueillir les signalements de manquements à l'intégrité scientifique auprès des référents à l'intégrité scientifique. En effet, les référents lancement d'alerte n'ont généralement pas les mêmes compétences scientifiques que les RIS pour apprécier les éventuelles atteintes aux bonnes pratiques de recherche, et cela encore plus lorsque les fonctions de référent lancement d'alerte ont été données au déontologue (qui a généralement un profil de juriste, eu égard à ses missions [2]). Face à cette situation, les institutions d'enseignement supérieur et de recherche doivent veiller à articuler les compétences du RIS et du référent lancement d'alerte, en prévoyant la marche à suivre si un manquement à l'intégrité scientifique est signalé au référent lancement d'alerte plutôt qu'au RIS. Il est à noter que la simple transmission du signalement par le référent lancement d'alerte au RIS [3] pose question car elle pourrait constituer une rupture de la confidentialité du signalement et exposer ainsi à une sanction pénale [4]. À tout le moins, le consentement de l'auteur du signalement devrait être recueilli.

1. À cette condition s'ajoutent celles tenant à l'objet de l'alerte (qui doit entrer dans le champ d'application de la loi de 2016) et celle tenant au désintéressement de l'auteur du signalement (qui doit avoir agi « sans contrepartie financière directe et de bonne foi »).
2. Voir *supra*, p. 93.
3. Prévue par exemple au CNRS par la *Procédure relative au recueil et au traitement des signalements émis par les lanceurs d'alerte au CNRS* (14 déc. 2018).
4. Loi n° 2016-1691 du 9 déc. 2016, art. 9.

À retenir

Les manquements à l'intégrité scientifique sont révélés aussi bien par des personnes qui les subissent que par des scientifiques qui les recherchent activement, voire les exposent par le moyen d'un canular. L'allégation de manquements à l'intégrité scientifique est parfois employée comme une stratégie de déstabilisation des scientifiques.

L'absence de signalement d'un manquement à l'intégrité scientifique dont on a connaissance n'est pas sanctionnée juridiquement. Le signalement de ces manquements est affirmé comme un devoir éthique incombant aux scientifiques.

Les manquements à l'intégrité scientifique doivent être signalés aux référents à l'intégrité scientifique (RIS) mis en place au sein des universités et des établissements de recherche.

Les RIS doivent instruire les manquements signalés et en faire rapport à l'organe de direction de l'établissement, qui décide des suites à donner aux manquements, si le référent les déclare établis.

Les référents lancement d'alerte mis en place dans les universités et les organismes de recherche peuvent également être destinataires de signalements relatifs à des manquements à l'intégrité scientifique.

CHAPITRE 3

INSTRUCTION

Le Code de la recherche n'organise pas précisément les conditions de la saisine, ni les procédures de travail des référents à l'intégrité scientifique (RIS). Il revient à chaque établissement d'organiser une procédure de saisine, de fixer les moyens dont dispose le RIS (ces moyens doivent être « nécessaires à l'exercice [de ses missions] »), la durée de son mandat [1]. Les procédures en vigueur peuvent comporter des différences d'un établissement à l'autre. La diffusion d'un « Manuel de procédures » élaboré par le Réseau des référents à l'intégrité scientifique (RESINT) [2], bien que dépourvu de caractère obligatoire [3], favorise une certaine convergence des procédures et des pratiques des établissements.

Le Code de la recherche se borne à préciser – ce qui est important – que le référent à l'intégrité scientifique doit procéder contradictoirement aux investigations nécessaires et peut demander communication des pièces et documents susceptibles d'en établir la réalité (art. D. 211-3). Le décret du 3 décembre 2021, dont est issu l'article D. 211-3 du Code de

1. L'enquête menée par l'OFIS en 2022 (« Profils des référentes et référents à l'intégrité scientifique en France ») montre que ce mandat est fréquemment de 3-4 ans, mais les données sont parcellaires.
2. RESINT, *Manuel de procédures*, 2023.
3. Si, à proprement parler, ce Manuel de procédures n'est pas obligatoire, il consiste en bonne partie en un rappel ou une explicitation d'obligations légales ou réglementaires.

la recherche (qui a procédé à sa réécriture), était plus précis, en exigeant que la procédure respecte la confidentialité et le principe du contradictoire, soit transparente et permette d'aboutir à un rapport « dans les meilleurs délais ». Ces précisions ont été supprimées à l'occasion de l'adoption de la partie réglementaire du Code de la recherche en 2023. Le Code impose maintenant aux établissements d'enseignement supérieur et de recherche de veiller « à ce que tout signalement relatif à un éventuel manquement aux exigences de l'intégrité scientifique soit traité selon une procédure établie au regard des recommandations du Hcéres définies en application des dispositions de l'article L. 114-3-1 » (art. D. 211-2, 5°). Cette précision est de nature à renforcer la portée du Manuel de procédures du RESINT puisque l'Office français de l'intégrité scientifique (qui constitue un département du Hcéres) a accompagné le RESINT dans l'élaboration de ce document.

Selon ce Manuel, lorsqu'il est saisi, le référent à l'intégrité scientifique doit accuser réception et vérifier si les faits allégués entrent bien dans son périmètre d'intervention. Si le signalement est recevable, car portant sur un possible manquement à l'intégrité scientifique commis par une personne appartenant à l'établissement pour lequel le RIS est compétent, ce dernier ouvre une phase d'investigation afin d'analyser les manquements allégués, pour les confirmer ou les infirmer [1]. Si les scientifiques mis en cause relèvent de plusieurs établissements, l'instruction est menée en commun entre les RIS de ces établissements [2]. Interprétant de manière

1. La distinction entre allégation (*inquiry*) et investigation (*investigation*) est admise depuis les premiers travaux consacrés aux signalements des manquements à l'intégrité scientifique : voir par ex. NASEM, *Responsible Science. Ensuring the integrity of the research process*, vol. 1, National Academy Press, 1992, p. 100. Un rapport du CNRS indique par exemple que, sur 150 signalements reçus, le RIS a poursuivi les investigations sur 78 d'entre eux (CNRS, *Rapport d'autoévaluation 2017-2021*, 2023, p. 73).

2. L'article 3, 3° du décret n° 2021-1572 du 3 décembre 2021 prévoit la possibilité d'une telle co-instruction, sans en préciser les modalités. Le Manuel de procédures du RESINT (2023, p. 27) propose une marche à suivre.

extensive l'office des référents à l'intégrité scientifique, le RESINT estime que ces derniers peuvent mener des auditions, se faire remettre des documents (cahier de laboratoire, courriels, etc.) ; toutefois, ils ne disposent ni de pouvoir d'exécution forcée, ni de pouvoir de sanction. En cas de refus ou de réticence des personnes impliquées, le RIS en rend compte dans son rapport. Il peut également confier l'enquête à un ou plusieurs spécialistes du domaine scientifique concerné, à charge pour eux de lui remettre un rapport comportant leurs conclusions.

Les investigations doivent être menées selon une procédure transparente et formalisée, ce qui implique *a minima* que les personnes concernées soient informées de la procédure suivie. Une information de l'ensemble des personnels de l'établissement sur ces procédures est également souhaitable. Bien que l'instruction menée par les RIS ne soit ni une procédure disciplinaire, ni une procédure juridictionnelle, les investigations doivent être menées dans le respect du principe du contradictoire. La procédure doit également présenter un caractère équitable, ce qui impose au référent d'instruire à charge et à décharge. Les personnes concernées doivent être informées des faits qui leur sont reprochés et être mises en mesure de faire valoir leurs arguments en défense et de produire les éléments de preuve qui leur semblent pertinents. Le RESINT recommande que l'ensemble des éléments réunis au cours de l'instruction soient synthétisés dans un pré-rapport, sur lequel les personnes concernées pourront formuler des dires [1]. Le rapport final élaboré par le RIS est, en principe, accessible aux personnes concernées. Sa communicabilité aux tiers est limitée par les dispositions propres à l'accès aux documents administratifs [2].

Le rapport élaboré par le RIS à l'issue de la phase d'investigation est transmis au président de l'établissement, à qui il appartient de décider des suites à lui donner. La procédure

1. RESINT, *Manuel de procédures*, 2023, p. 22.
2. *Ibid.*, p. 97.

doit être menée avec célérité, aussi bien de la part du RIS que de la part du responsable de l'établissement après réception du rapport du RIS. Les rapports des référents à l'intégrité scientifique ne sont pas rendus publics, sauf décision exceptionnelle [1].

Si, au terme de l'instruction, un manquement à l'intégrité est attesté, le président de l'établissement d'appartenance peut engager une procédure disciplinaire ou saisir une juridiction. Le RIS lui-même ne décide aucune sanction disciplinaire. Si l'agent poursuivi dépend de plusieurs établissements, l'instruction peut être menée conjointement par les RIS de ces derniers, mais du point de vue procédural, les poursuites disciplinaires sont ouvertes dans l'établissement où les faits ont été commis (C. éduc., art. R. 712-11).

À l'inverse, si les allégations de manquements à l'intégrité scientifique se révèlent infondées, il est important que la réputation de la personne mise en cause à tort soit préservée, voire restaurée, car les allégations de manquement sont loin de rester toujours confidentielles au sein d'un milieu professionnel donné. Ainsi le Code de conduite européen pour l'intégrité scientifique (ALLEA, 2023, § 3.2) exige-t-il que des « actions restauratives appropriées soient prises lorsque des chercheurs sont exonérés d'une allégation de méconduite formulée à leur encontre ». Par exemple, le CNRS prévoit que le président-directeur général de l'organisme adresse à la personne mise en cause un courrier officiel constatant l'absence de manquement, dont elle pourra se prévaloir publiquement [2]. Le RESINT suggère que « dans le cas où l'instruction conclut à disculper la personne mise en cause ou à atténuer les griefs à son égard et où l'affaire a fait l'objet d'une médiatisation, il peut être envisagé, avec l'accord de cette personne,

---

1. Par ex. la mission à l'intégrité scientifique du CNRS a choisi de rendre publics quelques rapports, sélectivement choisis, probablement en raison de l'écho que ces affaires ont eu en dehors de l'organisme de recherche : https://mis.cnrs.fr/rapports/

2. CNRS, « Intégrité scientifique au CNRS. Modalités d'actions », *BO CNRS*, n° 1, 2019, p. 34.

de rendre public le rapport d'instruction afin de contribuer à sa réhabilitation totale ou partielle [1] ». Des travaux montrent cependant que la restauration de la réputation des personnes mises en cause est délicate car les informations relatives à accusation circulent bien plus aisément que celles portant sur l'issue de l'instruction [2].

Conformément au droit commun de l'alerte, la personne qui a signalé un manquement à l'intégrité scientifique et dont les allégations se révèlent infondées à l'issue de l'instruction par le référent compétent ne peut voir sa responsabilité engagée que s'il est démontré qu'elle avait connaissance, au moment du signalement, de l'inexactitude des faits dénoncés.

À retenir

Les référents à l'intégrité scientifique doivent instruire les manquements qui leur sont signalés.

La procédure suivie doit respecter la confidentialité, assurer le respect du principe du contradictoire, être transparente, permettre d'aboutir à un rapport dans les meilleurs délais.

Dans ces limites, chaque établissement élabore, et rend publique, la procédure suivie pour le traitement des signalements de manquements à l'intégrité scientifique.

À l'issue de l'instruction, le référent à l'intégrité scientifique adresse un rapport à la personne responsable de l'établissement, à qui il appartient de décider les suites à lui donner.

La confirmation des manquements allégués peut donner lieu à des poursuites disciplinaires et à la saisine des juridictions civiles et pénales.

Si les manquements allégués se révèlent infondés, des actions doivent être entreprises pour préserver et éventuellement restaurer la réputation des personnes mises en cause à tort.

1. RESINT, *Manuel de procédures*, 2023, p. 99.
2. J.S. Lubalin, J.L. Matheson, « The fallout : what happens to whistleblowers and those accused but exonerated of scientific misconduct? », *Sci Eng Ethics*, vol. 5, 1999, p. 229 ; J. Sieber, « Why fallout from whistleblowing is hard to avoid », *Sci Eng Ethics*, vol. 5, 1999, p. 255 ; M. Van Portfliet, « Resistance will be futile ? The stigmatization (or not) of whistleblowers », *Journal of Business Ethics*, vol. 175, 2022, p. 451.

CHAPITRE 4

SANCTION

Les manquements à la déontologie de la recherche, et les manquements à l'intégrité scientifique en particulier, peuvent donner lieu au prononcé de sanctions. Il y a lieu de distinguer les sanctions (dans un sens large) adoptées au sein de la communauté scientifique par les revues et les scientifiques eux-mêmes, les sanctions disciplinaires prises par les institutions qui emploient des chercheurs et enseignants-chercheurs, et les sanctions prises par les juridictions civiles, administratives et pénales.

Ces différents ordres de sanction ont leurs spécificités. Certaines fautes déontologiques ou manquements à l'intégrité scientifique donnent lieu plus couramment à certains types de sanctions plutôt qu'à d'autres. Ainsi, contrairement au plagiat, la fabrication et la falsification de données n'entrent pas dans les prévisions d'une infraction pénale [1]. C'est encore plus vrai s'agissant des pratiques discutables de recherche [2], comme l'autocitation ou la publication d'articles dans une revue prédatrice, qui ne reçoivent aucune qualification

1. E. Vergès montre comment les qualifications d'escroquerie et de diffusion de fausses nouvelles se prêtent mal à la répression de la fraude scientifique : E. Vergès, « Quelles sanctions ? », *in* I. de Lamberterie, E. Vergès, *Quel droit pour la recherche ?*, Litec, 2006, p. 96-97. Voir également A. Maurel, *Les Chercheurs saisis par la norme…*, *op. cit.*, p. 377.
2. Voir *supra*, p. 45.

pénale [1] et conduisent plutôt, dans les rares cas où elles sont sanctionnées, à des sanctions internes à la communauté scientifique.

Cependant, il faut garder à l'esprit que les sanctions prononcées dans ces différents cadres peuvent se cumuler. Par exemple, un plagiat peut donner lieu à une rétractation décidée par une revue, à une sanction disciplinaire par l'université qui emploie le plagiaire, à une action civile en dommages et intérêts entreprise par l'auteur plagié ou à une sanction pénale prononcée par une juridiction étatique pour contrefaçon. De même, des faits de harcèlement sexuel peuvent donner lieu aussi bien à une sanction civile ou pénale qu'à une sanction disciplinaire. En outre, les sanctions disciplinaires prononcées par les universités peuvent faire l'objet de recours devant les tribunaux administratifs, qui peuvent les annuler, les confirmer ou, parfois, alourdir ou alléger la sanction prononcée.

1 / Sanctions internes à la communauté scientifique

Les manquements à l'intégrité scientifique exposent à une palette de mesures correctrices prises par des organismes de financement de la recherche, des revues, d'autres scientifiques… Ces mesures ont un effet négatif pour la personne qu'elles visent et peuvent à ce titre, dans une acception large, être considérées comme des sanctions, même si toutes n'ont pas un effet juridique obligatoire.

Dans un monde scientifique où la réputation est un bien précieux, et fragile, la révélation publique des manquements à l'intégrité scientifique est un puissant levier de sanction. C'est pour cette raison que les accusations de manquement et les investigations doivent rester confidentielles tant qu'elles ne sont pas confirmées. Une fois un manquement établi, en revanche, la

1. R. Dal-Ré *et al.*, « Should research misconduct be criminalized? », *Res Ethics*, vol. 16, n° 1-2, 2020, p. 1.

législation étasunienne prévoit que les manquements à l'intégrité scientifique commis par un scientifique sont rendus publics sur un site Internet [1], ainsi que les éventuelles défaillances des institutions qui les emploient à assurer un cadre propice à l'intégrité scientifique [2]. En France, sauf exception, les rapports des référents à l'intégrité scientifique ne sont pas rendus publics [3], et la publication des éventuelles décisions disciplinaires prises contre des agents publics à la suite d'une méconduite scientifique est laissée à l'appréciation de l'autorité investie du pouvoir disciplinaire (CGFP, art. L. 533-4).

Les revues scientifiques qui ont publié un article qui se révèle *a posteriori* entaché par une fraude peuvent procéder à sa rétractation. Étant consécutive au manquement de l'auteur à ses propres obligations en matière d'intégrité scientifique (ce qui peut être juridiquement qualifié d'exception d'inexécution lorsque la revue s'est engagée à publier un article), la rétractation d'un article par l'éditeur ne nécessite pas le consentement de l'auteur [4]. Les demandes de rétractation peuvent émaner de tiers ou, plus rarement, de l'auteur lui-même, montrant ainsi une ligne de partage fine entre rétractation et demande de correction [5]. Cependant, des études ont montré que les éditeurs de revues pouvaient se montrer réticents à décider des rétractations [6], et si ces

1. Public health service ALERT records concerning individuals found to have committed scientific misconduct in PHS sponsored research ; https://ori.hhs.gov/phs-administrative-action-bulletin-board ; J. Mervis, « Universities uneasy with plan to disclose misconduct findings », *Science*, vol. 382, n° 6676, 2023, p. 1223.
2. 42 CFR Part. 50 & 93, § 93.413(c)(4).
3. Voir *supra*, p. 204.
4. A. Robin, *Droit des données de la recherche*..., *op. cit.*, n° 508.
5. Des auteurs soulignent que 51 % des études rétractées dans la revue *Science* entre 1983 et 2017, le sont suite à une « erreur honnête » : K.B. Wray, L. Edslev Andersen, « Retractions in *Science* », *Scientometrics*, vol. 117, 2018, p. 2009.
6. P. Williams, E. Wager, « Exploring why and how journal editors retract articles : findings from a qualitative study », *Sci Eng Ethics*, vol. 19, 2013, p. 1 ; J. Brainard, « Silence greets requests to flag retracted studies », *Science*, vol. 377, n° 6601, 2022, p. 11 ; J. Brainard, « Whistleblowers flagged 300 scientific papers for retraction. Many journals ghosted them », *Science*, 23 janvier 2024.

dernières sont en nombre croissant au fil des années [1], elles continuent de représenter une part très faible de la littérature scientifique [2]. De plus, lorsque les revues annoncent la rétractation d'un article, elles n'exposent pas toujours les motifs qui justifient cette décision, ne précisant que rarement l'existence de manquements à l'intégrité scientifique et leurs teneurs [3].

En dehors du cas de la rétractation, d'autres mesures peuvent être prises par les revues. Des signalements sont adressés par des scientifiques directement aux éditeurs de revues pour exprimer des doutes sur certains résultats publiés, les données recueillies, les méthodes de traitement des données... Ces doutes exprimés (*expression of concern, editorial expression of concern* : expression de doutes) sont parfois publiés par la direction de la revue ; elles constituent une réaction moins radicale que la rétractation de l'article ou un avertissement préalable à une investigation plus approfondie susceptible de conduire à une rétractation. Par exemple, une étude montre que 25 % des articles considérés qui ont fait l'objet d'une expression de doutes ont été rétractés [4]. De même, la découverte d'un manquement à l'intégrité scientifique peut conduire à la modification de la liste des auteurs ou à un changement dans l'ordre des auteurs.

Une autre sanction vigoureuse est la privation de la personne reconnue coupable d'un manquement à l'intégrité

1. R.G. Steen, A. Casadevall, F.C. Fang, « Why has the number of scientific retractions increased ? », *PLoS One*, vol. 8, n° 7, e68397.
2. M.L. Grieneisen, M. Zhang, « A comprehensive survey of retracted articles from the scholarly literature », *PLoS One*, vol. 7, n° 10, 2012, e44118.
3. F. Hesselmann *et al.*, « The visibility of scientific misconduct : a review of the literature on retracted journal articles », *Curr. Sociol. Rev.*, vol. 65, n° 6, 2017, p. 814 ; F. Hesselmann, M. Reinhart, « Cycles of invisibility : the limits of transparency in dealing with scientific misconduct », *Soc Stud Sci*, vol. 51, n° 3, 2021, p. 414 ; S.B. Xu *et al.*, « What do retraction notices reveal about institutional investigations into allegations underlying retractions ? », *Sci Eng Ethics*, vol. 29, 2023, p. 25.
4. M. Vaught, D.C. Jordan, H. Bastian, « Concern noted : a descriptive study of editorial expressions of concern in PubMed and PubMed Central », *Res. Integr. Peer Rev.*, vol. 2, 2017, p. 10.

scientifique du bénéfice des financements publics attribués par les agences de recherche [1]. En France, l'Agence nationale de la recherche prévoit la suspension du versement des sommes prévues au contrat, leur arrêt et leur recouvrement, notamment en cas d'« atteinte par le responsable scientifique, toute personne physique impliquée dans le projet ou le bénéficiaire à une règle de déontologie, d'éthique ou d'intégrité scientifique prescrite par l'ANR y compris en dehors du cadre du projet [2] ». De même, aux États-Unis, lorsque l'*Office of research integrity* conclut à l'existence d'un manquement à l'intégrité scientifique, le département de la Santé, dont dépendent les financements fédéraux de recherche dans ce domaine, peut décider de suspendre ou de résilier le financement accordé, imposer une supervision particulière du projet ou exclure la personne concernée de toute activité de conseil et d'évaluation [3]. Les institutions défaillantes s'exposent elles aussi à des sanctions telles que l'imposition de mesures correctrices ou la suspension du bénéfice des financements [4]. Les règles de financement de la recherche au sein de l'Union européenne prévoient que les recherches doivent être « exclues ou abandonnées dès que le caractère inacceptable sur le plan éthique est établi [5] ».

La mesure dans laquelle la découverte d'un manquement à l'intégrité scientifique affecte la réputation des scientifiques reste sujette à interrogation. L'impact semble très lourd sur

---

1. Ainsi, le Fonds national suisse a supprimé les financements alloués à Olivier Voinnet et l'a exclu des appels d'offre pendant trois ans (C. Guaspare, E. Didier, « The Voinnet affair : testing the norms of scientific image management », *in* M. Biagioli, A. Lippman (eds), *Gaming the metrics…, op cit.*, p. 163).
2. ANR, *Règlement financier relatif aux modalités d'attribution des aides de l'ANR*, 2023, art. 7.1.
3. 42 CFR Part. 50 & 93, § 93.407.
4. *Ibid.*, § 93.413.
5. Règlement 2021/695 du 28 avril 2021 (« Horizon Europe »), art. 19. Pour une mise en œuvre dans le cadre du programme-cadre « Horizon 2020 » : Tribunal UE, aff. T-688/19, 2 mars 2022, *Europe*, n° 5, 2022, obs. Bruyas, qui exonère la PME requérante suite à l'éviction du chercheur responsable des manquements allégués.

la carrière des personnes concernées, en termes de capacité à publier ou à accéder à des financements de recherche [1], sans rendre impossible pour autant la continuation d'une activité de recherche [2]. Mais, des études montrent que cet impact affecte l'ensemble des coauteurs de l'article rétracté, y compris s'ils ne sont pas personnellement à l'origine de la fraude [3]. Cet impact semble cependant différencié selon la notoriété des coauteurs [4] et selon leur rang dans l'ordre des auteurs de la publication [5].

2 / Sanctions disciplinaires

Les sanctions disciplinaires sont des sanctions prises par l'institution d'emploi à l'encontre des personnels qui manquent aux obligations naissant de leur contrat de travail (scientifiques liés par un contrat de travail) ou à leurs obligations statutaires (scientifiques soumis au statut de la fonction publique). De telles sanctions peuvent être prises, par exemple, suite à des faits de harcèlement moral ou sexuel, de cumul d'activités non autorisé, de violence, de mauvais usage des fonds publics, etc. Des faits contraires à l'intégrité scientifique peuvent également donner lieu à des sanctions disciplinaires.

---

1. A.M. Stern *et al.*, « Financial costs and personal consequences of research misconduct resulting in retracted publications », *eLife*, vol. 3, 2014, e02956.
2. K.L. Galbraith, « Life after research misconduct : punishments and the pursuit of second chances », *J Empir Res Hum Res Ethics*, vol. 12, n° 1, 2017, p. 26.
3. P. Mongeon, *Les Rétractations et leurs conséquences sur la carrière des coauteurs : analyse bibliométrique des fraudes et des erreurs dans le domaine biomédical*, Université de Montréal, 2013.
4. G.Z. Jin *et al.*, « The reverse Matthew effect : consequences of retraction in scientific teams », *The Review of Economics and Statistics*, vol. 101, n° 3, 2019, p. 492.
5. Ph. Mongeon, V. Larivière, « Costly collaborations : the impact of scientific fraud on co-authors' careers », *Journal of the Association for Information Science and Technology*, vol. 67, n° 3, 2016, p. 535.

1. Scientifiques liés par un contrat de travail

Pour les scientifiques qui exercent leur activité dans le cadre d'un contrat de travail, les manquements à la déontologie de la recherche et à l'intégrité scientifique sont susceptibles de donner lieu à des sanctions disciplinaires conformément au droit commun du travail [1]. Le Code du travail précise que constitue une sanction disciplinaire toute mesure, autre que les observations verbales, prise par un employeur à la suite de l'agissement d'un salarié considéré comme fautif, que cette mesure soit de nature à affecter immédiatement ou non la présence du salarié dans l'entreprise, sa fonction, sa carrière ou sa rémunération. Cette sanction peut aller jusqu'à la rupture du contrat de travail. Les amendes ou autres sanctions pécuniaires sont interdites (C. trav., art. L. 1331-1 et s.) et leur prononcé exposerait l'employeur à une sanction pénale (C. trav., art. L. 1334-1). Le cas échéant, un salarié peut être immédiatement mis à pied à titre conservatoire. Les sanctions susceptibles d'être infligées au salarié doivent être mentionnées par le règlement intérieur (C. trav., art. L. 1321-1). Lorsque la mission d'un salarié, en application de son contrat de travail, est une activité scientifique, l'exécution du contrat en violation des règles de déontologie et d'intégrité scientifique peut être considérée comme fautive. Dès lors que ces règles ont une incidence sur le pouvoir disciplinaire de l'employeur, la Cour de cassation a considéré qu'un code de déontologie interne à l'entreprise a la nature d'une adjonction au règlement intérieur et s'y intègre [2]. La plupart des établissements publics industriels et commerciaux menant une activité de recherche ont élaboré des chartes déontologiques imposant le respect de l'intégrité scientifique.

Le délai de prescription des sanctions disciplinaires est de deux mois après la découverte des faits fautifs par

---

1. M. Léger, « Intégrité scientifique et droit du travail », *in* O. Descamps, K. Lairedj, *L'Intégrité scientifique à l'aune du droit*, éd. Panthéon-Assas, 2021, p. 79.
2. Cass. soc., 5 mai 2021, n° 19-25.699.

l'employeur, ce délai étant suspendu par l'ouverture de poursuites pénales dans le même délai (C. trav., art. L. 1332-4). Au-delà de trois ans, les faits déjà sanctionnés ne peuvent plus être pris en compte pour une nouvelle sanction (C. trav., art. L. 1332-5).

Les faits prétendument fautifs sont portés à la connaissance de l'employeur ou de son représentant directement par un salarié, un client, un fournisseur, ou suite à la saisine d'un éventuel référent « alerte » ou « intégrité scientifique » mis en place dans l'entreprise ou l'établissement employant des chercheurs sous contrat de droit privé. Lorsque les manquements allégués font l'objet d'une enquête interne, c'est le rapport d'enquête qui établit la connaissance des faits et marque le début du délai de deux mois prévu par le Code du travail pour ouvrir éventuellement une procédure disciplinaire. L'enquête interne n'étant pas partie intégrante de la procédure disciplinaire (elle vise à déterminer si les faits allégués sont établis et s'ils justifient ou non l'ouverture d'une telle procédure), le salarié mis en cause n'est pas nécessairement entendu, pas plus que la totalité des personnes qui auraient signalé les faits fautifs [1]. La procédure disciplinaire, quant à elle, doit suivre un certain nombre d'exigences procédurales précisées par le Code du travail (art. L. 1332-2), notamment la nécessité de convoquer le salarié pour lequel une sanction est envisagée à un entretien, en précisant l'objet de la convocation (sauf si la sanction envisagée est un avertissement ou une autre sanction n'ayant pas d'incidence sur la présence du salarié dans l'entreprise). Le salarié peut être assisté, lors de cette audition, par une personne de son choix appartenant au personnel de l'entreprise. La sanction doit être notifiée au salarié et doit être motivée. Cette notification ne peut

1. S. Mraouahi, « Sur le régime des enquêtes internes en droit du travail : essai de synthèse », *Droit ouvrier*, n° 883, 2022, p. 89 ; O. Leclerc, « L'enquête consécutive à une alerte », *Droit ouvrier*, n° 883, 2022, p. 110.

intervenir moins de deux jours ouvrables, ni plus d'un mois après l'entretien. En cas de litige tendant à faire constater l'irrégularité de la procédure suivie ou l'absence de caractère justifié et proportionné de la mesure de sanction prise, le Code du travail organise un partage de la charge de la preuve entre le salarié et l'employeur, l'un et l'autre fournissant au juge des éléments d'appréciation [1]. L'irrégularité ou l'invalidité de la sanction donne lieu à son annulation ou, s'agissant du licenciement reconnu sans cause réelle et sérieuse, à une indemnité (par exception, le licenciement constituant une sanction discriminatoire est nul).

Cependant, en conséquence du principe d'indépendance des chercheurs, le droit du travail tient compte de la particularité de l'activité scientifique et reconnaît aux chercheurs salariés une plus grande marge d'appréciation dans leur travail que les autres salariés, allégeant – sans le faire disparaître – le pouvoir de direction de l'employeur. Ainsi, à propos d'un scientifique employé par l'Institut national de recherche et de sécurité (INRS), qui avait été licencié suite à son refus de se rendre à une réunion organisée par son employeur visant à différer l'organisation d'un symposium scientifique, la Cour de cassation a jugé le licenciement dépourvu de cause réelle et sérieuse, en soulignant que « l'employeur devait exercer son pouvoir hiérarchique dans le respect des responsabilités confiées à l'intéressé et de l'indépendance due aux chercheurs [2] ».

2. Scientifiques exerçant en qualité d'agent public

Selon le Code général de la fonction publique, « toute faute commise par un fonctionnaire dans l'exercice ou à l'occasion de l'exercice de ses fonctions l'expose à une sanction disciplinaire sans préjudice, le cas échéant, des peines prévues par la

---

1. O. Leclerc, « Preuve dans les contentieux du travail », *Rép. Dalloz Droit du travail*, 2022, n° 39 et s.
2. Cass. soc., 11 oct. 2000, n° 98-45.276.

loi pénale. Les dispositions de cet article sont applicables aux agents contractuels » (CGFP, art. L. 530-1). Les fautes étrangères au service mais qui, en raison de leur particulière gravité, seraient de nature à déconsidérer la fonction universitaire, peuvent aussi justifier une sanction disciplinaire [1]. Les instances disciplinaires font preuve d'une sévérité particulière à l'égard des enseignants-chercheurs qui, du fait de leurs missions universitaires, doivent faire preuve d'une exemplarité particulière [2].

Les fautes disciplinaires commises par les fonctionnaires sont prescrites par trois ans à compter du jour où l'administration a eu une connaissance effective de la réalité, de la nature et de l'ampleur des faits passibles de sanction. Si des poursuites pénales sont également engagées, celles-ci sont interruptives de prescription jusqu'à la décision définitive (CGFP, art. L. 532-2).

A / Sanctions encourues

L'échelle des sanctions susceptibles d'être infligées aux fonctionnaires est organisée en quatre groupes par le Code général de la fonction publique (CGFP, art. L. 533-1), depuis l'avertissement jusqu'à la révocation. Ces sanctions sont reprises et adaptées concernant les enseignants-chercheurs et les personnels enseignants de l'enseignement supérieur (C. éduc., art. L. 952-8) [3]. Des sanctions disciplinaires particulières sont prévues pour les étudiants, qui concernent également des doctorants (C. éduc., art. R. 811-36), et pour les enseignants du second degré qui enseignent à l'université

1. CE, 4/5 SSR, 23 juillet 2008, n° 297347, inédit.
2. CNESER, aff. 1256 et 1339, 10 juillet 2018, BO 35/2018 ; CNESER, aff. 1525, 20 mai 2019, BO 28/2019 ; CNESER, aff. 1533, 23 mars 2022, BO 20/2022 (décision annulée par le Conseil d'État, 4e ch., 30 déc. 2022, n° 465304, mais seulement au motif de l'insuffisance de la sanction, « hors de proportion avec les fautes commises »).
3. Seules ces sanctions peuvent être prononcées : CNESER, aff. 1722, 19 oct. 2022, BO 48/2022.

(C. éduc., art. L. 952-9). Outre la sanction prononcée proprement dite, la décision disciplinaire produit d'autres effets : la sanction est inscrite au dossier du fonctionnaire, pendant une durée plus ou moins longue selon le groupe auquel appartient la sanction prononcée [1].

À cela s'ajoute que les fonctionnaires qui ont commis une faute grave (manquement aux obligations professionnelles ou infraction de droit commun) peuvent être suspendus par l'autorité ayant pouvoir disciplinaire, qui saisit, sans délai, le conseil de discipline, lequel dispose d'un délai de quatre mois pour régler définitivement leur situation (CGFP, art. L. 531-1 et s.). Cette mesure ne constitue pas une sanction disciplinaire mais une mesure conservatoire prise dans l'intérêt du service [2]. Le Code de l'éducation comporte des dispositions proches pour les personnels de l'enseignement supérieur. À titre conservatoire [3] et lorsque les faits imputés présentent un caractère suffisant de vraisemblance et de gravité [4], le ministère chargé de l'Enseignement supérieur est habilité à prononcer la suspension d'un membre du personnel de l'enseignement supérieur pour une durée maximale d'un an, sans privation de traitement (C. éduc., art. L. 951-4). Cette décision vise à préserver l'intérêt du service public universitaire et ne constitue pas une sanction disciplinaire, alors même qu'une procédure disciplinaire est engagée au même moment contre l'auteur présumé de faits de harcèlement sexuel et moral [5].

---

1. L'effacement du dossier est automatique au bout de trois ans pour les sanctions du groupe 1 (CGFP, art. L. 533-5) ou est accordé sur demande après dix années pour les sanctions des groupes 2 et 3 (CGFP, art. L. 533-6 et C. éduc., art. R. 712-42).
2. CE, 2/7 SSR, 22 nov. 2004, n° 244515, *Rec. Tables*.
3. CE, 4/5 SSR, 26 oct. 2005, n° 279189, *Rec. Lebon* : « Cette mesure de suspension est une mesure conservatoire prise dans l'intérêt du service et ne constitue pas une sanction disciplinaire. » ; CE, 10 déc. 2014, 4/1 SSR, n° 363202, *Rec. Tables* : « En l'absence de poursuites pénales, son maintien en vigueur ou sa prorogation sont subordonnés à l'engagement de poursuites disciplinaires dans un délai raisonnable après son édiction. »
4. CE, 4/1 SSR, 10 déc. 2014, n° 363202, *Rec. Tables*.
5. CE, 4e et 1re ch. réunies, 18 juillet 2018, n° 418844, *Rec. Lebon*.

En application des principes généraux du droit disciplinaire, dans l'hypothèse où la sanction disciplinaire prise est contestée en appel, celle-ci ne peut être aggravée lorsque le recours émane de la personne mise en cause [1]. La méconnaissance de cette règle doit, le cas échéant, être relevée d'office par le juge statuant en cassation. Pour l'appréciation de cette règle, la gravité d'une sanction d'interdiction d'exercer prononcée par la juridiction disciplinaire s'apprécie au regard de son objet et de sa durée, indépendamment des modalités d'exécution de la sanction. Cette sanction reposant sur la combinaison de quatre éléments relatifs, respectivement, à la nature et à l'étendue des fonctions dont l'exercice est interdit, au périmètre de l'interdiction d'exercice, à la durée de celle-ci et à l'étendue de la privation de traitement, « doit être regardée comme aggravée lorsque l'un de ces éléments est aggravé [2] ».

B / Instances disciplinaires compétentes

Les conditions dans lesquelles une sanction disciplinaire peut être prononcée sont marquées par une certaine complexité car les procédures ne sont pas les mêmes selon le statut des scientifiques concernés et leur établissement d'exercice. Ces différences concernent la juridiction compétente en première instance et en appel.

1. Personnel des organismes de recherche publique

Dans les organismes de recherche publique (CNRS, INSERM, INRAE...), les chercheurs fonctionnaires sont régis par le droit disciplinaire de la fonction publique, qui donne notamment le droit à l'agent mis en cause d'obtenir la communication de l'intégralité de son dossier individuel (CGFP, art. L. 532-4). Les sanctions disciplinaires ne peuvent être prononcées que contre des chercheurs employés par l'organisme, et cela même si un RIS d'un autre établissement a été

1. CE, 4/5 SSR, 17 juillet 2013, n° 362481, *Rec. Lebon* ; *AJDA*, 2013, p. 1542 ; *RFDA*, 2013, 1183, concl. Keller ; CE, 4e et 1re ch. réunies, 6 avril 2022, n° 438057.
2. CE, 4e et 1re ch. réunies, 6 avril 2022, n° 438057, *Rec. Tables*.

saisi du manquement allégué dans le cadre d'une co-instruction. Le prononcé d'une sanction est obligatoirement précédé de la consultation d'une commission administrative paritaire siégeant en conseil de discipline [1], qui rend un avis motivé et propose éventuellement une sanction (CGFP, art. L. 532-5). Le pouvoir de décider une sanction appartient au président de l'organisme de recherche, qui peut déléguer ce pouvoir pour les sanctions du premier et du deuxième groupes (CGFP, art. L. 532-3) [2]. Sa décision, qui peut s'écarter de l'avis de la commission administrative paritaire, doit être motivée [3]. Conformément au droit commun, les éventuels recours contre les décisions disciplinaires sont portées devant le tribunal administratif, la cour administrative d'appel et le Conseil d'État.

2. Personnel des universités

La situation diffère pour les universités, qui donnent une plus grande place à l'administration par les pairs [4]. Dans les universités, le pouvoir disciplinaire à l'égard des enseignants-chercheurs et des enseignants est exercé par des juridictions administratives spécialisées [5]. En premier ressort, est compétent le conseil académique de l'établissement constitué en section disciplinaire (C. éduc., art. L. 712-6-2) [6]. Celle-ci est

1. Décret n°82-451 du 28 mai 1982 relatif aux commissions administratives paritaires.
2. Au CNRS, le pouvoir de prononcer des sanctions du premier groupe est délégué par le PDG de l'organisme aux délégués régionaux (circ. n° CIR122436DRH, 14 mai 2020, *BO CNRS* juin 2020, p. 15)
3. Décret n°82-451 du 28 mai 1982, art. 32.
4. G. Vedel, « Réflexions sur la justice universitaire », *Mélanges Trotabas*, LGDJ, 1970, p. 559 ; E. Aubin, « Le contentieux disciplinaire des enseignants-chercheurs », *in* J. Caillosse et O. Renaudie (dir.), *Le Conseil d'État et l'Université*, Dalloz, 2015, p. 87.
5. F. Sauvageot, « Réflexions sur le degré de juridictionnalisation des instances disciplinaires universitaires », *RFDA*, 2002, p. 968.
6. Le cas échéant, une section disciplinaire commune à plusieurs établissements peut être établie par le ministre chargé de l'Enseignement supérieur (art. L. 712-6-2 et R. 712-46).

saisie par le président de l'université, le recteur d'académie ou le ministre chargé de l'Enseignement supérieur (C. éduc., art. R. 712-29)[1]. La section disciplinaire est présidée par un professeur des universités élu en son sein par les enseignants-chercheurs membres de la section (C. éduc., art. L. 712-6-2 et art. R. 712-16). Trois collèges forment la section disciplinaire, comportant des professeurs des universités, des maîtres de conférences et des personnes exerçant des fonctions d'enseignement appartenant à d'autres corps de fonctionnaires, élus à parité de femmes et d'hommes (C. éduc., art. R. 712-15). Le président de l'université ne peut en être membre. La formation de la section disciplinaire varie selon le corps d'appartenance de la personne poursuivie (C. éduc., art. R. 712-23 à R. 712-25). La section disciplinaire est compétente pour statuer sur les fautes disciplinaires commises au sein de l'établissement où elles sont établies (C. éduc., art. R. 712-11). Les fautes commises hors d'une université sont de la compétence de la section disciplinaire de l'établissement d'affectation. Il est fait exception à ces principes lorsqu'il existe « une raison objective de mettre en doute l'impartialité de la section disciplinaire initialement saisie dans son ensemble », qui justifie le dépaysement de l'affaire devant la section disciplinaire d'un autre établissement (C. éduc., art. R. 712-27-1). De même, par exception, les poursuites disciplinaires peuvent être portées directement devant une juridiction administrative spécialisée, le Conseil national de l'enseignement supérieur et de la recherche (CNESER), statuant en formation disciplinaire lorsqu'une section disciplinaire d'établissement n'a pas été désignée ou lorsqu'elle n'est pas parvenue à statuer dans un délai de six mois suivant sa saisine (C. éduc., art. R. 232-31)[2].

---

1. La saisine effectuée par un chargé de mission du conseil scientifique ne produit aucun effet (CNESER, aff. 972, 12 mai 2015, BO 34/2015).
2. Le CNESER doit être saisi à cette fin par l'autorité compétente pour engager des poursuites (CE, 4e et 5e ch. réunies, 8 nov. 2017, n° 404627).

La procédure que la section disciplinaire doit suivre, depuis sa saisine, l'instruction de l'affaire et le prononcé de son jugement sont détaillés par le Code de l'éducation (art. R. 712-29 à R. 712-49). L'instruction des affaires est assurée par une commission d'instruction de deux membres, à laquelle le président de la section disciplinaire ne peut participer. Les sanctions prononcées doivent être motivées et notifiées à la personne intéressée.

Les appels contre les décisions de la section disciplinaire sont portés devant le CNESER statuant en formation disciplinaire [1]. Les décisions du CNESER sont elles-mêmes susceptibles de recours devant le Conseil d'État (C. éduc., art. R. 232-43) [2]. En cas d'annulation de la décision du CNESER, ce dernier statue à nouveau sur l'affaire en renvoi. Le CNESER est lui-même un organisme élu par les pairs, doté de fonctions consultatives et disciplinaires [3]. Depuis l'entrée en vigueur de la loi n° 2019-828 du 6 août 2019, la présidence de la formation est cependant confiée à un conseiller d'État désigné par le vice-président du Conseil d'État (C. éduc., art. L. 232-3). Le CNESER évalue les comportements reprochés aux personnes mises en cause afin de déterminer s'ils constituent des manquements aux « obligations déontologiques s'imposant à tout universitaire [4] », telles que la « dignité d'un professeur des universités [5] » et « la probité et l'honneur [6] », s'ils portent atteinte à « l'éthique

1. Pour une description du contentieux du CNESER, voir Y. Chouiter, A. Lerouge, A. Lutzky, « 10 ans de CNESER disciplinaire », *AEF Info*, 2019 [en ligne]. Pour une analyse des décisions du CNESER relatives à l'intégrité scientifique, voir O. Leclerc, N. Klausser, « From research misconduct to disciplinary sanction : an empirical examination of French higher education case law », *Res Ethics*, 2024 (DOI : 10.1177/17470161241240241).

2. A. Lutzky, P. Paillassa, « 15 ans de CNESER disciplinaire : en cassation, le Conseil d'État annule la décision dans 70 % des cas », *AEF Info*, 2023 [en ligne] ; E. Aubin, « Le contentieux disciplinaire des enseignants-chercheurs », *in* J. Caillosse, O. Renaudie, *Le Conseil d'État et l'Université*, Dalloz, 2015, p. 87.

3. C. éduc., art. L. 232-2 et s. et R. 232-23 et s.

4. CNESER, aff. 891, 27 janv. 2015, BO 15/2015.

5. CNESER, aff. 656, 16 déc. 2008, BO 13/2009.

6. CNESER, aff. 67, 14 nov. 1995 ; CNESER, aff. 222, 24 nov. 2003.

universitaire [1] », aux « valeurs d'éthique, de responsabilité et d'exemplarité attendues d'un enseignant-chercheur [2] ».

3. Personnel médical et scientifique des centres hospitaliers et universitaires

Les procédures disciplinaires sont encore distinctes s'agissant des membres du personnel médical et scientifique des centres hospitaliers et universitaires. Ceux-ci sont soumis, pour leur activité hospitalière comme pour leur activité universitaire, à une juridiction disciplinaire unique instituée sur le plan national (C. éduc., art. L. 952-22). Selon le même texte : « Cette juridiction est présidée soit par un conseiller d'État, soit par un professeur d'enseignement supérieur, désigné conjointement par les ministres chargés de l'Enseignement supérieur et de la Santé ; elle est composée de membres pour moitié élus par les personnels intéressés et pour moitié nommés à parts égales par les mêmes ministres. » La composition [3] et la procédure [4] de cette juridiction sont précisées par voie réglementaire. S'agissant de médecins, ces enseignants-chercheurs sont également susceptibles d'être frappés de sanctions disciplinaires par la Chambre de discipline de l'Ordre des médecins. Ainsi, une action disciplinaire devant la juridiction disciplinaire unique instituée par l'article L. 952-22 du Code de l'éducation ne fait pas obstacle à l'exercice de l'action disciplinaire, en raison des mêmes faits, devant la chambre de discipline du conseil de l'ordre professionnel dont relève un professeur des universités praticien hospitalier. La juridiction disciplinaire unique est cependant seule compétente pour juger les conséquences disciplinaires de faits qui sont indétachables de l'activité universitaire, comme par exemple le libellé d'un sujet d'examen [5].

---

1. CNESER, aff. 750, 12 juillet 2012, BO 47/2012.
2. CNESER, aff. 1533, 4 sept. 2023.
3. Décret n° 2021-1645 du 13 déc. 2021, art. 18 à 26.
4. Décret n°86-1053 du 18 sept. 1986.
5. CE, 4e et 1re ch. réunies, 13 avril 2018, n° 406887, *Rec. Tables*.

4. Étudiants

Les étudiants (les « usagers » de l'université) sont, quant à eux, susceptibles de se voir infliger des sanctions disciplinaires par le conseil académique, constitué en section disciplinaire (C. éduc., art. R. 811-10), selon une composition comportant des représentants des usagers (C. éduc., art. R. 712-14). Sont concernés les étudiants (catégorie qui inclut les doctorants), ainsi que les anciens étudiants pour ce qui concerne des fraudes commises pendant leurs études [1]. Cependant, le titulaire d'un doctorat devenu enseignant-chercheur doit être attrait devant la formation disciplinaire compétente pour ces derniers lorsqu'il est accusé d'avoir commis un plagiat dans le cadre de son doctorat. En effet, une « saisine de la section disciplinaire compétente à l'égard des usagers porte atteinte, en elle-même, au principe d'indépendance des enseignants-chercheurs, lequel implique que toute question ayant des incidences sur la carrière soit examinée en formation restreinte aux enseignants-chercheurs d'un rang égal ou supérieur à la personne concernée [2] ».

L'appel des décisions disciplinaires a longtemps été confié au CNESER, qui comptait des représentants des élus étudiants parmi ses membres, et y consacrait une part substantielle de son activité (plus de 80 % des affaires jugées par le CNESER entre 1991 et 2022 ont concerné des étudiants et des candidats au baccalauréat). La loi n° 2019-828 du 6 août 2019 a cependant retiré cette compétence au CNESER. Depuis l'entrée en vigueur de ce texte, conformément au droit commun, les recours contre les décisions disciplinaires concernant les étudiants sont portés devant le tribunal administratif.

1. « Un diplôme obtenu à la suite d'une fraude expose le bénéficiaire dudit diplôme à des poursuites disciplinaires y compris lorsqu'il n'a plus la qualité d'usager de l'établissement ayant délivré ledit diplôme » (CNESER, aff. 1658, 9 mars 2022, BO 16/2022).
2. CNESER, aff. 904, 10 mars 2015, BO 26/2015.

C / Procédure

Afin de permettre à la personne mise en cause devant une formation disciplinaire de préparer sa défense, celle-ci doit être convoquée au moins quinze jours avant la date de l'audience disciplinaire [1]. Comme toute juridiction administrative [2], les instances disciplinaires, en première instance et en appel, doivent faire preuve d'impartialité [3]. Pour cette raison, notamment, lorsqu'il y a lieu de redouter que la section disciplinaire compétente dans une université manque d'impartialité, le CNESER peut être saisi par la personne mise en cause à fin d'ordonner le dépaysement de l'affaire devant la section disciplinaire d'une autre université (C. éduc., art. R. 712-27-1). Le droit à un procès équitable impose également que la personne poursuivie ait pu s'exprimer au cours d'une séance publique devant au moins l'une des formations de jugement statuant en matière disciplinaire, qui ont pleine compétence pour apprécier les faits qui lui sont reprochés [4]. Le caractère contradictoire de la procédure exige également que les pièces et éléments d'appréciation (rapport de la commission d'instruction relatant les auditions des témoins [5], rapport d'un corps d'inspection [6]) pris en compte dans la procédure disciplinaire aient été communiqués à la personne mise en cause et que celle-ci ait été mise en situation d'en discuter [7]. Le

1. C. éduc., art. R. 232-38 ; CE, 4e ch., 13 oct. 2021, n° 434660, inédit.
2. CE, Ass., 6 avril 2001, n° 206764 et n° 206767, *Rec. Lebon*.
3. Par ex., s'agissant de la juridiction unique instituée par l'art. L. 952-22 C. éduc. : CE, 29 sept. 2021, n° 432628, *Rec. Tables*.
4. CE, 3/8 SSR, 9 juillet 2003, n° 241930, inédit.
5. « En indiquant que le contenu des témoignages figurant au dossier ne confirmait pas les allégations de M. B... relatives à un acharnement de l'université à son égard, le CNESER statuant en formation disciplinaire, qui n'avait pas à exposer précisément le contenu de ces témoignages pour permettre au juge de cassation d'exercer son contrôle, a suffisamment motivé sa décision » (CE, 4e ch., 6 nov. 2017, n° 402380, inédit).
6. CE, 2e et 7e ch. réunies, 28 janv. 2021, n° 435946, *Rec. Tables* ; CE, 2e et 7e ch. réunies, 18 nov. 2022, n° 457565.
7. C. éduc., art. R. 232-37 ; CE, 4e sous-sect. jugeant seule, 30 mars 2005, n° 262928, inédit.

Conseil d'État admet toutefois que les témoignages présentés soient anonymisés, sous réserve qu'ils soient soumis au débat contradictoire et corroborés par d'autres éléments non anonymisés versés au dossier [1]. La décision prononçant une sanction disciplinaire doit être suffisamment motivée et viser les conclusions et moyens des parties [2]. Enfin, la décision disciplinaire doit être prise dans un délai raisonnable [3]. Les décisions disciplinaires prises en première instance doivent être régulièrement notifiées aux personnes poursuivies, mention étant faite des voies de recours existantes et des délais pour les exercer (art. L. 712-41 C. éduc.).

Les sanctions disciplinaires prononcées et leurs motifs sont rendues publiques si l'autorité investie du pouvoir disciplinaire le décide, après avis du conseil de discipline (CGFP, art. L. 533-4). Ainsi, certaines décisions disciplinaires prononcées par le CNRS sont publiées au *Bulletin officiel* de l'organisme, éventuellement après anonymisation, mais toutes ne le sont pas. Dans les universités, la décision disciplinaire, éventuellement anonymisée, est affichée à l'intérieur de l'établissement (art. R. 712-41). Certaines universités rendent publiques les décisions disciplinaires prises en leur sein sur une page Internet dédiée mais cette situation n'est pas la plus courante [4].

3 / Sanctions civiles et pénales

Indépendamment des éventuels recours contre les décisions disciplinaires prises par les établissements de recherche, les

1. CE, 9 oct. 2020, n° 425459, *Rec. Tables*. Dans un arrêt plus récent, le Conseil d'État admet que des témoignages anonymisés soient seuls pris en compte par le juge disciplinaire, à la condition que la personne poursuivie puisse en contester l'authenticité et le contenu (CE, 7e et 2e ch. réunies, 5 avril 2023, n° 463028, *Rec. Tables*).
2. CE, 4e ch., 14 mars 2022, n° 438191, inédit ; CE, 4e ch., 23 déc. 2022, n° 452944, inédit.
3. CE, 4/5 SSR, 13 février 2012, n° 346549.
4. Université de Bourgogne : https://ufr-dsep.u-bourgogne.fr/etudiant/decisions-disciplinaires.html#decisions-disciplinaires-2023.

manquements à la déontologie de la recherche et à l'intégrité scientifique peuvent, le cas échéant, donner lieu à des poursuites devant les juridictions civiles, pénales ou administratives [1], si les conditions d'exercice de l'action en justice sont réunies.

S'agissant de la responsabilité civile et pénale encourue par des scientifiques dans le cadre des activités de recherche, celles-ci ne présentent que peu de particularités par rapport au droit commun. Les actions civiles et pénales sont soumises aux durées de prescription de l'action en justice prévues par le droit commun.

Ainsi, conformément au droit de la responsabilité civile, un scientifique engage sa responsabilité, et peut devoir supporter des conséquences indemnitaires, si une faute commise dans son activité scientifique cause un dommage. Un scientifique commet par exemple une faute exposant à une réparation civile lorsqu'il manque d'objectivité et de rigueur sur ses propres résultats scientifiques ou sur les contributions scientifiques d'autres personnes [2].

Le même défaut d'objectivité et de rigueur expose, dans le cadre du droit de la presse, à une condamnation pour diffamation. Ainsi, des juges ont admis que la dénonciation erronée dans un article scientifique d'une fraude scientifique prétendument commise par un scientifique et son assistant pouvait constituer le délit de diffamation [3]. On ajoutera que

1. G.J. Martin, « La "parole responsable" : parole scientifique et responsabilité », *Mélanges Farjat*, Frison-Roche, 1999, p. 415 ; E. Vergès, « Quelles sanctions ? », *in* I. de Lamberterie et E. Vergès, *Quel droit pour la recherche ?*, Litec, 2006, p. 87 et s., A. Maurel, *Les Chercheurs saisis par la norme..., op. cit.*, p. 367 et s. ; A. Robin, *Droit des données de la recherche..., op. cit.*, p. 354 et s. ; A. Chirossel, *La Responsabilité du chercheur du fait de ses recherches*, thèse Univ. Clermont-Auvergne, 2023, n° 100 et s. Pour une vue du contentieux administratif émergent dans l'enseignement supérieur, qui dépasse la question des manquements déontologiques : A. Jaquemet-Gauché, « Les contentieux potentiels dans l'enseignement supérieur », *AJDA*, 2021, p. 1262.
2. Cass. civ., 27 février 1951, *D.* 1951, 329 ; Cass. com., 10 février 1965, *Bull.* n° 108.
3. CA Paris, 1re ch., 12 nov. 1991, *JurisData*, n° 1991-023805.

la Cour de cassation a considéré, s'agissant d'un enseignant-chercheur, que la faute commise par l'auteur d'une diffamation à l'encontre d'un collègue accusé de plagiat n'est pas détachable de ses fonctions de diffusion des résultats de la recherche scientifique, ouvrant ainsi la voie à l'engagement de la responsabilité de l'université devant la juridiction administrative [1].

Le droit de la responsabilité civile offre également des ressources aux auteurs qui s'estiment victimes de plagiat. Si, comme le verra, la sanction pénale du plagiat est malaisée, l'indemnisation du préjudice causé par celui-ci peut être recherchée sur le plan civil au moyen de l'action en parasitisme, compte tenu de la perte de notoriété qu'il occasionne pour la personne qui en est la victime [2].

Plus spécifique, un régime spécial de responsabilité a été créé par le Code de la santé publique concernant les promoteurs de recherches impliquant la personne humaine (C. santé publ., art. L. 1121-10). Ce texte met à la charge des promoteurs de ces recherches une obligation d'indemniser les personnes qui s'y prêtent si ces dernières subissent un préjudice. Afin de garantir ce risque, le promoteur est tenu de souscrire une assurance en responsabilité civile. Il peut s'exonérer de sa responsabilité en démontrant que le dommage n'est pas imputable à sa faute. Cette dernière situation ouvre à la victime la possibilité de bénéficier d'une indemnisation par l'Office national d'indemnisation des accidents médicaux (C. santé publ., art. L. 1142-3).

Sur le plan pénal, les manquements commis par des scientifiques peuvent constituer des infractions prévues par la loi.

---

1. Cass. civ. 1re, 23 février 2011, n° 09-72.059 ; E. Dreyer, « L'université est-elle responsable des publications de ses enseignants-chercheurs ? », *D.* 2011, 1386 ; T. Hochmann, « L'université, l'enseignant-chercheur, et la responsabilité pour les dommages causés par la publication de recherches : une victoire à la Phyrrus ? », *Revue du droit public*, n° 4, 2011, p. 863 ; G.-J. Guglielmi, « La juridiction administrative est compétente pour connaître des actions formées contre les productions des enseignants-chercheurs », *AJDA*, 2011, p. 738.
2. A. Robin, *Droit des données de la recherche…*, *op. cit.*, p. 340 et p. 365.

Cela est vrai aussi bien lorsque les faits réprimés ont été commis au détriment de l'institution de recherche (vol ou dégradation de matériel dans un laboratoire de recherche) ou d'un scientifique (violence, injure, harcèlement sexuel ou moral). Ces incriminations pénales ne sont pas propres à l'activité de recherche mais peuvent s'y trouver constituées, comme dans n'importe quel autre domaine d'activité.

Des infractions particulières ont cependant été établies pour sanctionner des comportements liés à l'activité de recherche. Est ainsi sanctionnée pénalement la réalisation d'expérimentations en violation des conditions, limites et interdictions établies par la loi : recherche sur les embryons et les cellules souches [1], impliquant des personnes humaines [2] ou des produits du corps humain [3], réalisée dans des conditions portant atteinte à l'environnement [4] ou portant atteinte aux animaux [5]. De même, des infractions particulières

1. C. pén., art. 511-19 : recherche ou étude sur l'embryon humain, recherche sur des cellules souches embryonnaires, recherche sur des cellules souches pluripotentes induites humaines ; art. 511-18 : conception *in vitro* ou clonage d'embryons humains à des fins de recherche ; art. 511-19-2 : conservation d'embryons ou de cellules souches embryonnaires sans autorisation ou déclaration ; art. 511-19-3 : importation ou exportation de cellules souche embryonnaires sans autorisation.

2. C. pén., art. 223-8 : recherches ou essai clinique sans avoir recueilli le consentement libre et éclairé des personnes qui s'y prêtent ou après retrait de ce consentement ; art. 226-25 : réalisation d'examen des caractéristiques génétiques d'une personne sans avoir recueilli préalablement son consentement ; art. 226-26 : fait de détourner de leurs finalités médicales ou de recherche scientifique les informations recueillies sur une personne au moyen de l'examen de ses caractéristiques génétiques ; art. 226-27 : procéder sans consentement à l'identification d'une personne par ses empreintes génétiques ; art. 226-19-1 : traitement de données à caractère personnel dans le domaine de la santé sans information préalable ou malgré l'opposition des personnes concernées.

3. C. pén., art. 511-5-2 : conservation et transformation à des fins scientifiques d'organes, tissus, cellules ou du sang, ses composants et ses produits dérivés sans déclaration préalable ou en dépit du refus du ministre en charge de la recherche ; art. 511-5-1 : prélèvement à des fins scientifiques sur une personne décédée hors protocole transmis à l'Agence de biomédecine.

4. C. rech., art. L. 251-2 : recherche scientifique marine réalisée dans une zone de protection écologique.

5. C. pén., art. 521-2 ; C. rur. et pêche marit. : art. L. 214-3.

sanctionnent le non-respect des durées minimales et maximales des contrats dérogatoires au droit commun du travail que constituent le contrat doctoral de droit privé (C. rech., art. L. 412-3 et R. 412-13 et s.) et le contrat postdoctoral de droit privé (C. rech., art. L. 431-5 et R. 431-25).

Le plagiat scientifique peut également recevoir diverses sanctions. Le CNESER donne du plagiat une qualification autonome sur le plan disciplinaire. Le plagiat désigne, selon ses termes, « le fait pour un usager de l'université de recopier intégralement des passages entiers de documents sans indiquer leur source ni mentionner les auteurs [1] ». Sur les plans civil et pénal, le droit de la propriété intellectuelle ouvre la possibilité de sanctionner ces comportements en raison de l'atteinte qu'ils portent au droit d'auteur. En effet, « toute représentation ou reproduction intégrale ou partielle faite sans le consentement de l'auteur ou de ses ayants droit ou ayants cause est illicite. Il en est de même pour la traduction, l'adaptation ou la transformation, l'arrangement ou la reproduction par un art ou un procédé quelconque » (Code la propriété intellectuelle, art. L. 122-4). Les manquements ainsi caractérisés aux droits moraux et patrimoniaux de l'auteur, ainsi que l'éventuel préjudice moral qui en découle, ouvrent droit à réparation [2]. Sur le plan pénal, la sanction d'un tel comportement peut être recherchée au travers de la qualification pénale du délit de contrefaçon, réglé par le Code de la propriété intellectuelle (art. L. 335-2) [3]. La caractérisation du

1. CNESER, aff. 1658, 9 mars 2022, BO 16/2022.
2. Ex. CA Douai, 1re ch., sect. 2, 3 juillet 2012, n° 11/03647, *Communication Commerce Électronique*, n° 11, 2012, comm. 121, note Caron.
3. Sur l'articulation entre plagiat académique et l'infraction de contrefaçon : L. Marino, « Repenser le droit du plagiat de la recherche », *La Semaine juridique Éd. générale*, 2011, 1396 ; J. Larrieu, « Le plagiat universitaire sanctionné », *Revue juridique de l'Ouest*, 2011, p. 115 ; J. Passa, « La contrefaçon ou le 'plagiat' dans les thèses de doctorat », *Mélanges Truchet*, Dalloz, 2015, p. 461 ; E. Dreyer, « Les hésitations du droit pénal à l'égard du plagiat », *in* G.-J. Guglielmi et G. Koubi (dir.), *Le Plagiat de la recherche scientifique*, *op. cit.*, p. 187 ; A. Latil, « Le plagiat au défi du droit », *Droit et Littérature*, n° 1, 2017, p. 61 ; A. Robin, *Droit des données de la recherche…*, *op. cit.*, p. 339.

délit de contrefaçon s'agissant de faits de plagiat de la recherche scientifique est cependant malaisée, car elle suppose de démontrer l'originalité des éléments copiés ou une reprise de la forme des éléments contrefaits [1]. On notera enfin que l'existence d'un plagiat, constatée par une section du Conseil national des universités, peut être sanctionnée par le retrait du nom de l'auteur du plagiat de la liste de qualification aux fonctions de maître de conférences [2] ou par la radiation du barreau s'agissant d'une thèse de droit [3]. De la même façon, le plagiat peut valablement constituer l'un des éléments d'évaluation du travail soumis à l'appréciation souveraine du jury [4].

4 / Articulations

La façon dont les poursuites disciplinaires et les poursuites civiles ou pénales s'articulent entre elles soulève plusieurs questions.

D'abord, sur le plan procédural, les poursuites disciplinaires et l'action en justice civile ou pénale sont indépendantes les unes des autres, de sorte qu'elles peuvent exister aussi bien cumulativement qu'alternativement. La circulaire du CNRS relative à la procédure disciplinaire exprime ainsi sans détour que « le régime disciplinaire est en principe totalement indépendant du droit pénal. Il s'ensuit qu'un même fait peut s'analyser à la fois comme une faute pénale et une faute disciplinaire ou, à l'inverse, ne constituer qu'une faute disciplinaire, sans être susceptible de qualification pénale. Lorsque les faits commis par l'agent sont poursuivis pénalement, l'administration n'est pas liée par les suites de l'instance

1. CA Bordeaux, 1re ch. civ., 2 mai 2023, n° 20/02868, *Dalloz actu*, 25 mai 2023, obs. Le Cam.
2. CE, 22 nov. 2007, n° 310278 ; CE, 23 février 2009, 4e sous-sect., n° 310277 ; *D.* 2009, 1287, note Bruguière ; *RFDA* 2009, 226, note Melleray.
3. CA Paris, 14 déc. 2023, n° 23/07060.
4. CAA Marseille, 16 janv. 2007, n° 03MA01821.

pénale[1] ». Ainsi, les éventuelles poursuites disciplinaires ne sont pas suspendues par une action civile ou pénale[2]. De même, une relaxe pénale peut être suivie d'une condamnation disciplinaire et, inversement, une condamnation pénale peut n'être pas suivie d'une sanction disciplinaire. En effet, ainsi que l'indique le Conseil d'État, « la décision par laquelle est infligée une sanction disciplinaire à un agent public a pour seul objet de tirer, en vue du bon fonctionnement du service, les conséquences que le comportement de l'intéressé entraîne sur sa situation vis-à-vis de l'administration[3] », laissant ainsi entière la possibilité d'une répression pénale ou de conséquences indemnitaires civiles, dont les finalités sont autres. Ainsi, le cumul d'une sanction de nature administrative ou disciplinaire et de nature pénale ne heurte pas le principe de nécessité des délits et des peines[4]. Cependant, « si l'éventualité que deux procédures soient engagées peut conduire à un cumul de sanctions, le principe de proportionnalité implique qu'en tout état de cause le montant global des sanctions éventuellement prononcées ne dépasse pas le montant le plus élevé de l'une des sanctions encourues[5] ».

Ensuite, il convient de distinguer ce qui concerne l'établissement des faits et l'appréciation de leur caractère fautif. Concernant la *constatation matérielle des faits reprochés*, la juridiction disciplinaire est tenue par l'autorité de la chose

1. Circulaire CNRS n° CIR122436DRH.
2. En amont d'éventuelles poursuites disciplinaires, le RESINT recommande toutefois aux RIS saisis d'une allégation de manquement à l'intégrité scientifique de suspendre leurs investigations dans l'attente du jugement définitif (RESINT, *Manuel de procédures*, 2023, p. 96).
3. CE, 4/5 SSR, 23 juillet 2008, n° 297347, inédit.
4. Cumul de sanctions administratives et pénales : Cons. const., 24 oct. 2014, n° 2014-423 QPC, cons. 35 : « le principe de la nécessité des peines ne fait pas obstacle à ce que les mêmes faits commis par une même personne puissent faire l'objet de poursuites différentes aux fins de sanctions de nature disciplinaire ou pénale en application de corps de règles distincts devant leurs propres ordres de juridictions » ; Cons. const., 24 juin 2016, n° 2016-545 QPC. Cumul de sanctions disciplinaires et administratives : Cons. const., 17 janvier 2013, n° 2012-289 QPC.
5. Cons. const., 24 oct. 2014, n° 2014-423 QPC, préc.

jugée d'une décision de justice définitive et doit tenir compte de la qualification juridique donnée des faits (diffamation publique, harcèlement...) par la juridiction pénale [1], à condition que cette dernière ait bien statué sur des faits identiques à ceux sur lesquels la juridiction disciplinaire doit se prononcer [2]. En revanche, l'instance disciplinaire n'est pas tenue, dans son appréciation *des fautes disciplinaires*, par l'appréciation des faits retenue par une juridiction judiciaire ou administrative saisie des mêmes faits [3]. Elle ne peut, par conséquent, se fonder sur la décision d'une cour d'appel qui a ordonné qu'une condamnation pénale pour les mêmes faits soit supprimée du casier judiciaire n° 2 d'un maître de conférences pour s'abstenir de se prononcer sur l'existence et la gravité des faits reprochés [4]. De même, la décision de classement sans suite prise par le procureur de la République dans le cadre de poursuites pénales n'empêche pas le prononcé d'une sanction disciplinaire [5]. Si l'autonomie d'appréciation des fautes disciplinaires est ainsi affirmée, il reste cependant que la décision de la juridiction de l'ordre juridique étatique saisie ne manque pas d'influencer la juridiction disciplinaire, comme le révèle la motivation des décisions du CNESER [6].

1. CNESER, aff. 1573, 20 oct. 2022, BO 44/2022 : « Les faits de harcèlement moral dont a été accusé M. X n'ont pas été caractérisés par le juge pénal dans sa décision du 8 septembre 2020 et il convient dès lors d'en tenir compte dans la décision afin de respecter l'autorité de la chose jugée d'une décision de justice définitive. »
2. CE, 4/5 SSR, 19 mars 2008, n° 296984, *Rec. Tables*.
3. CNESER, aff. 1318, 10 sept. 2020, BO 41/2020 : « le CNESER statuant en matière disciplinaire doit apprécier le comportement du déféré sans tenir compte des décisions rendues par le Tribunal administratif de Grenoble et la décision de la Cour administrative d'appel de Lyon ».
4. CE, 4/5 SSR, 12 janv. 2005, n° 257917, inédit.
5. TA Dijon, 2 déc. 2021, n° 2002323
6. CNESER, aff. 1181, 9 oct. 2018, BO 44/2018 : une relaxe au pénal pour les mêmes faits est signalée comme un élément favorable, parmi d'autres, à la relaxe sur le plan disciplinaire. Inversement : CNESER, aff. 1244, 28 février 2017, BO 15/2017 : « Mme X a été condamnée par une juridiction pénale pour les mêmes faits et il convient dès lors d'en tenir compte dans la décision. »

À retenir

Les scientifiques auteurs de manquements à l'intégrité scientifique s'exposent à des conséquences défavorables, que l'on peut qualifier dans un sens large de « sanctions », au sein de la communauté scientifique : perte de réputation, tarissement des financements de recherche, rétractation de l'article litigieux de la revue scientifique.

Ils s'exposent également à des sanctions disciplinaires prises par leur établissement d'emploi en raison de la violation des obligations professionnelles que constituent les fautes déontologiques et les manquements à l'intégrité scientifique.

Les sanctions disciplinaires sont prises par des instances juridictionnelles spécialisées selon des modalités qui varient selon l'établissement d'emploi et le statut des personnes concernées.

Les instances disciplinaires doivent faire preuve d'impartialité dans le jugement des affaires qui leur sont soumises.

Les auteurs de manquements à l'intégrité scientifique s'exposent également à des sanctions civiles en application du régime de responsabilité de droit commun ou de régimes particuliers comme le parasitisme ou le droit de la presse.

Certains manquements à l'intégrité scientifique exposent également leurs auteurs à des sanctions pénales établies par le droit de la recherche, le droit de la propriété intellectuelle ou encore le droit commun (harcèlement, violence, injure, vol...).

Des sanctions disciplinaires d'une part, et des sanctions civiles et pénales d'autre part, peuvent se cumuler s'agissant des mêmes manquements à l'intégrité scientifique puisqu'elles ne poursuivent pas le même objectif. Les faits établis par la juridiction pénale lient cependant les instances disciplinaires.

BIBLIOGRAPHIE SÉLECTIVE

E. Aubin, « Le contentieux disciplinaire des enseignants-chercheurs », *in* J. Caillosse, O. Renaudie, *Le Conseil d'État et l'Université*, Dalloz, 2015, p. 87.

N. Ben-Yehuda, A. Olivier-Lumerman, *Fraud and misconduct in research*, University of Michigan Press, 2017.

M. Biagioli, P. Galison (eds), *Scientific authorship. Credit and intellectual property in science*, Routledge, 2003.

M. Biagioli, A. Lippman (eds), *Gaming the metrics. Misconduct and manipulation in academic research*, MIT Press, 2020.

L. Bouter, « Research misconduct and questionable research practices form a continuum », *Account Res*, 2023 (DOI : 10.1080/08989621.2023.2185141).

T. Bretag (eds), *Handbook of academic integrity*, Springer, 2016.

S. Carvallo, « L'éthique de la recherche entre réglementation et réflexivité », *Revue d'anthropologie des connaissances*, vol. 13, n° 2, 2019, p. 299.

L. Coutellec, « Penser l'indissociabilité de l'éthique de la recherche, de l'intégrité scientifique et de la responsabilité sociale des sciences. Clarification conceptuelle, propositions épistémologiques », *Revue d'anthropologie des connaissances*, vol. 13, n° 2, 2019, p. 381.

L. Daston, *Rivals. How scientists learned to cooperate*, Columbia Global Reports, 2023.

O. Descamps, K. Lairedj, *L'Intégrité scientifique à l'aune du droit*, éd. Panthéon-Assas, 2021.

R. Encinas de Muñagorri, « La communauté scientifique est-elle un ordre juridique ? », *RTD civ.* 1998, p. 247.

R. Faria, *Research misconduct as white-collar crime. A criminological approach*, Palgrave Macmillan, 2018.

Y. Gingras, *Les Dérives de l'évaluation de la recherche. Du bon usage de la bibliométrie*, Raisons d'agir, 2014.

M. P. Goddiksen *et al.*, « "The person in power told me to"– European PhD students' perspectives on guest authorship and good authorship practice », *PLoS One*, vol. 18, n° 1, 2023, e0280018.

F. Hesselmann, M. Reinhart, « Cycles of invisibility : the limits of transparency in dealing with scientific misconduct », *Soc Stud Sci*, vol. 51, n° 3, 2021, p. 414.

R. Iphofen (eds), *Handbook of research ethics and scientific integrity*, Springer, 2020.

M. A. Jacob, « Under repair : a publication ethics and research record in the making », *Soc Stud Sci*, vol. 49, n° 1, 2019, p. 91.

D. J. Kevles, *The Baltimore case. A trial of politics, science, and character*, Norton & Co., 1998.

M. LaFollette, *Stealing into print. Fraud, plagiarism, and research misconduct in scientific publishing*, University of California Press, 1992.

I. de Lamberterie, E. Vergès (dir.), *Quel droit pour la recherche ?*, Litec, 2006.

J. Larrègue, « Sentencing social psychology : scientific deviance and the diffusion of statistical rules », *Current Sociology*, 2022 (DOI : 10.1177/00113921221117604).

O. Leclerc, « Whistleblowing legislation and reporting on research misconduct : a case for mutual learning », *Account Res*, 2023 (DOI : 10.1080/08989621.2023.2240705).

O. Leclerc, N. Klausser, « From research misconduct to disciplinary sanction : an empirical examination of French higher education case law », *Res Ethics*, 2024 (DOI : 10.1177/17470161241240241).

H. Melander *et al.*, « Evidence b(i)ased medicine – selective reporting from studies sponsored by pharmaceutical industry : review of studies in new drug applications », *BJM* n° 326, 2003, p. 1.

R. K. Merton, « Science and the social order », *Philos Sci*, vol. 5, n° 3, 1938, p. 321.

I. Oransky, A. Marcus, A. Abritis, « How bibliometrics and school rankings reward unreliable science », *BMJ*, vol. 382, 2023, p. 1887.

D. Pontille, *Signer ensemble : contribution et évaluation en sciences*, Economica, 2016.

D. Pontille, D. Torny, « Dans les coulisses des articles scientifiques : définir des catégories de fraude et réguler les affaires », *Revue d'épidémiologie et de santé publique*, vol. 60, 2012, p. 247.

E. S. Reich, *Plastic fantastic. How the biggest fraud in physics shook the scientifique world*, Palgrave Macmillan, 2009.

D. B. Resnik, « Institutional conflicts of interest in academic research », *Science and Engineering Ethics*, vol. 25, 2019, p. 1661.

A. Robin, *Droit des données de la recherche. Science ouverte, innovation, données publiques*, Larcier, 2022.

F. Romero, « Novelty versus replicability : virtues and vices in the reward system of science », *Philosophy of Science*, vol. 84, 2017, p. 1031.

A. Rouyère, « La déontologie des enseignants-chercheurs », *in* E. Mella (dir.), *L'Université et ses responsabilités*, LGDJ, 2016, p. 103.

N. H. Steneck, *Introduction to the responsible conduct of research*, ORI (*Office of research integrity*), 2007.

J. A. Teixeira da Silva, J. Dobránszki, « Multiple authorship in scientific manuscripts : ethical challenges, ghost and guest/gift authorship, and the cultural/disciplinary perspective », *Science and Engineering Ethics*, vol. 22, 2016, p. 1457.

D. Truchet, « Intégrité scientifique et déontologie : une étude comparée », *in* O. Descamps, K. Lairedj, *L'Intégrité scientifique à l'aune du droit*, éd. Panthéon-Assas, 2021, p. 67.

ANNEXE

LISTE DES PRINCIPAUX INSTRUMENTS DÉONTOLOGIQUES

On trouvera ici la liste des principaux instruments déontologiques mentionnés dans l'ouvrage.

APEC Guiding Principles for research integrity, APEC, 2022.

Best Practices for ensuring scientific integrity and preventing misconduct, OCDE, Global Science Forum, 2007.

Cape Town Statement on fairness, equity and diversity in research, WCRI, 2022.

Charte de déontologie et d'intégrité scientifique, ANR, 2019.

Charte de déontologie, d'intégrité scientifique et d'éthique, INRAE, 2021.

Charte de développement responsable des neurotechnologies, 2022.

Charte de l'expertise sanitaire, 2013.

Charte de l'expertise scientifique institutionnelle au CNRS, 2022.

Charte de l'ouverture à la société des organismes publics de recherche, d'expertise et d'évaluation des risques sanitaires et environnementaux, 2008, 2011, 2016, 2020.

Charte de la désexcellence, 2014.

Charte de transparence sur le recours aux animaux à des fins scientifiques et réglementaires en France, Gircor, 2021.

Charte des sciences et recherches participatives en France, 2017.

Charte européenne du chercheur, Commission européenne, 2005.

Charte française de déontologie des métiers de la recherche, 2015.

Charte nationale de l'expertise, 2010.

Charte nationale portant sur l'éthique de l'expérimentation animale, 2008, 2014.

Code de conduite pour une recherche responsable, OMS, 2017.

Code de conduite pour le recrutement des chercheurs, Commission européenne, 2005 [ou « Code de conduite européen » dans le texte de cet ouvrage].

Coordinating Committee for facilitating international research misconduct investigations, OCDE, Global Science Forum, 2009.

Déclaration de San Francisco sur l'évaluation de la recherche (DORA), 2012.

European Commission Code of conduct on responsible nanoscience and nanotechnology research, 2008.

Global Code of conduct for research in resource-poor settings, TRUST, 2018

Guide pour le recueil et le traitement des signalements relatifs à l'intégrité scientifique, RESINT, 2018

Handbook on whistleblower protection in research, ENRIO, 2023.

Integrity and Security in the global research ecosystem, OCDE, Committee on scientific and technological policy, 2022.

International Ethical Guidelines for biomedical research involving human subjects, 1982, 1993, 2002.

Montreal Statement on research integrity in cross-boundary research collaborations, WCRI, 2013.

NIH Guidelines for research involving recombinant or synthetic nucleic acid molecules, 2019.

Recommendations for the investigation of research misconduct, ENRIO, 2019.

Singapore Statement on research integrity, WCRI, 2010.

The Cape Town Statement on fostering research integrity through fairness and equity, WCRI, 2022.

The European Code of conduct for research integrity, ALLEA, 2011, 2017, 2023 [ou « ALLEA, 2023 » dans le texte de cet ouvrage].

The Hong Kong Principles for assessing researchers, WCRI, 2019.

The Leiden Manifesto for research metrics, 2015.

Traitement des signalements relatifs à l'intégrité scientifique : manuel de procédures, RESINT, 2023 [ou « Manuel de procédures » dans le texte de cet ouvrage].

INDEX ALPHABÉTIQUE

Les numéros renvoient aux pages.

Cet ouvrage a été mis en pages par

<pixellence>

PEFC
10-31-3532
Par nos approvisionnements en papier certifié PEFC, nous soutenons la gestion forestière durable au niveau mondial
www.pefc-france.org

Imprimé en France sur papiers
issus de forêts gérées durablement

Sepec Numérique

1, rue de Prony - ZA des Bruyères
01960 Peronnas

IMPRIM'VERT®

Achevé d'imprimer en mai 2024
Numéro d'impression : N17932240492